全国计算机等级考试

笔试考试习题集

三级网络技术

全国计算机等级考试命题研究组　编

南开大学出版社

天　津

图书在版编目(CIP)数据

全国计算机等级考试笔试考试习题集：2011版. 三级网络技术 / 全国计算机等级考试命题研究组编. —7版. 天津：南开大学出版社，2010.12

ISBN 978-7-310-02276-2

Ⅰ.全… Ⅱ.全… Ⅲ.①电子计算机—水平考试—习题 ②计算机网络—水平考试—习题 Ⅳ.TP3-44

中国版本图书馆CIP数据核字(2009)第194414号

南开大学出版社出版发行

出版人：肖占鹏

地址：天津市南开区卫津路94号 邮政编码：300071

营销部电话：(022)23508339 23500755

营销部传真：(022)23508542 邮购部电话：(022)23502200

*

河北省迁安万隆印刷有限责任公司印刷

全国各地新华书店经销

*

2010年12月第7版 2010年12月第7次印刷

787×1092毫米 16开本 15.75印张 393千字

定价：27.00元

如遇图书印装质量问题，请与本社营销部联系调换，电话：(022)23507125

前　言

信息时代，计算机与软件技术日新月异，在国家经济建设和社会发展的过程中，发挥着越来越重要的作用，已经成为不可或缺的关键性因素。国家教育部考试中心自1994年推出“全国计算机等级考试”以来，已经经过了十几年，考生超过千万人。

计算机等级考试需要考查学生的实际操作能力以及理论基础。因此，经全国计算机等级考试委员会专家的论证，以及教育部考试中心有关方面的研究，我们编写了《全国计算机等级考试上机考试习题集》，供考生考前学习使用。该习题集的编写、出版和发行，对考生的帮助很大，自出版以来就一直受到广大考生的欢迎。为配合社会各类人员参加考试，能顺利通过“全国计算机等级考试”，我们组织多年从事辅导计算机等级考试的专家在对近几年的考试深刻分析、研究的基础上，结合上机考试习题集的一些编写经验，并依据教育部考试中心最新考试大纲的要求，编写出这套“全国计算机等级考试笔试考试习题集”。

编写这样一套习题集，是参照上机考试习题集的做法，其内容同实际考试内容接近，使考生能够有的放矢地进行复习，希望考生能顺利通过考试。

本书针对参加全国计算机等级考试的考生，同时也可以作为普通高校、大专院校、成人高等教育以及相关培训班的练习题和考试题使用。

为了保证本书及时面市和内容准确，很多朋友做出了贡献，夏菲、李煜、孙正、宋颖、张志刚、苏鹏、刘一、李岩、毛卫东、李占元、刘时珍、敖群星等老师付出了很多辛苦，在此一并表示感谢！

全国计算机等级考试命题研究组

目　录

第1套

一、选择题

下列各题A、B、C、D四个选项中，只有一个选项是正确的，请将正确选项涂写在答题卡相应位置上，答在试卷上不得分。

1. 以下是64位的芯片是（　　）。
   A．安腾　　B．奔腾4　　C．高能奔腾　　D．MS68000

2. 下面不属于网络拓扑结构的是（　　）。
   A．环形结构　　B．总线结构　　C．层次结构　　D．网状结构

3. 下述说法中，正确的是（　　）。
   A．宏观上看分时系统的各个用户是轮流地使用计算机
   B．分时系统中各个用户都可以与系统交互对话
   C．各个用户的程序在分时系统中常会相互混淆
   D．分时系统对用户的响应有比较大的延迟

4. 奔腾采用了增强的64位数据总线，它的含义是（　　）。
   A．内部总线是32位的，而与存储器之间的外部总线是64位的
   B．内部总线是64位的，而与存储器之间的外部总线是32位的
   C．内部总线是32位的，而与输出设备之间的外部总线是64位的
   D．内部总线是64位的，而与输出设备之间的外部总线是32位的

5. 如果显存的容量是1 MB，分辨率为800×600，每个像素最多可以有（　　）种不同的颜色。
   A．256　　B．16 M　　C．32 M　　D．65 536

6. 下列关于Novell网络的说法中，不正确的是（　　）。
   A．Novell公司是一家网络开发公司，从1983年开始开发了Netware
   B．Netware是依赖任何通用操作系统的网络操作系统
   C．Netware支持任何通用操作系统
   D．Netware是真正的开放式平台

7. 尽管Windows NT操作系统的版本不断变化，但是从它的网络操作与系统应用角度来看，有两个概念是始终不变的，那就是工作组模型与（　　）。

A. 域模型　　B. 用户管理模型
C. ICP/IP 协议模型　　D. 存储管理模型

8. 全球多媒体网络的研究领域之一是安全性，下列描述中错误的是（　　）。
A. 用户可能需要屏蔽通信量模式
B. 加密可能会妨碍协议转换
C. 网络是共享资源，但用户的隐私应该加以保护
D. 加密地点的选择无关紧要

9. 下面的软件中，（　　）不是实现网络功能所必不可少的软环境。
A. 设备驱动软件　　B. 数据库管理软件
C. 网络操作系统　　D. 通信软件

10. 100 BASE-TX 网络采用的物理拓扑结构为（　　）。
A. 总线型　　B. 星型　　C. 环型　　D. 混合型

11. 个人计算机属于（　　）。
A. 巨型机　　B. 小型计算机
C. 微型计算机　　D. 中型计算机

12. 如果一个用户希望将自己的计算机通过电话网接入因特网，访问因特网上的 Web 站点，那么，用户在这台主机上不必安装和配置（　　）。
A. 调制解调器和其驱动程序
B. TCP / IP 协议
C. 以太网卡和其驱动程序
D. WWW 浏览器

13. 使用宽带同轴电缆传输信号最大传输距离可以达到（　　）。
A. 800 km　　B. 80 km　　C. 8 km　　D. 800 m

14. ATM 技术最大的特点是它能提供（　　）。
A. 最短路由选择算法　　B. 速率服务
C. QoS 服务　　D. 互联服务

15. 若某一用户要拨号上网，下列（　　）是不必要的。
A. 一条电话线　　B. 一个调制解调器
C. 一个 Internet 账号　　D. 一个路由器

16. 允许计算机相互通信的语言被称为（　　）。
A. 协议　　B. 寻址　　C. 轮询　　D. 对话

17. IEEE 802.11 标准定义了（　　）。

A. 无线局域网技术规范
B. 电缆调制解调器技术规范
C. 光纤局域网技术规范
D. 宽带网络技术规范

18. 在网络通信的数据传输过程中的数据加密技术有链路加密方式，它具有的特点是（　　）。

A. 在通信链路中加密，到节点后要解密
B. 在整个通信链路中加密，到信宿后解密
C. 由信源主机加密，在通信链路中保持加密
D. 以上都不对

19. 在 TCP/IP 互联网中，中途路由器有时需要对 IP 数据报进行分片，其主要目的是（　　）。

A. 提供路由器的转发效率
B. 增加数据报的传输可靠性
C. 使目的主机对数据报的处理更加简单
D. 保证数据报不超过物理网络能传输的最大报文长度

20. 可以将流程概括为先听后发、边听边发、冲突停止、随机延迟后重发的共享介质局域网是（　　）。

A. CDMA / CD
B. TDMA / CD
C. CSMA / CD
D. FDMA / CD

21. 某用户在域名为 mail.abc.edu.cn 的邮件服务器上申请了一个账号，账号名为 wang，那么该用户的电子邮件地址是（　　）。

A. mail.abc.edu.cn@wang
B. wang@mail.abc.edu.cn
C. wang%mail.abc.edu.cn
D. mail.abc.edu.cn%wang

22. 在报纸杂志上做广告，属于利用（　　）推广网站。

A. 传统方式　　B. 搜索引擎　　C. 旗帜广告　　D. 电子邮件

23. 在中断处理中，输入输出中断是指（　　）。

Ⅰ. 设备出错　　Ⅱ. 数据传输结束

A. Ⅰ　　B. Ⅱ　　C. Ⅰ和Ⅱ　　D. 都不是

24. 以下不属于身份认证协议的是（　　）。

A. S/Key 口令协议
B. IPSec 协议
C. X.509 认证协议
D. Kerberos 协议

25. 防火墙能有效地防止外来的入侵，下列选项中不是它在网络中作用的是（　　）。

A. 控制进出网络的信息流向和信息包
B. 提供使用和流量的日志和审计

C. 拒绝错误的信息并删除

D. 隐藏内部 IP 地址及网络结构的细节

26. 对域名 SP2.Unia.edu.cn 中 SP2 的准确说法是（　　）。

A. SP2 是本域中的一台主机名字

B. SP2 可能是本域中的一台主机名字

C. SP2 为第四级域名

D. SP2 为第一级域名

27. 网络互联要解决以下（　　）问题。

Ⅰ. 不同的编址方案

Ⅱ. 不同的网络访问机制

Ⅲ. 不同的超时

Ⅳ. 差错恢复

Ⅴ. 不同的最大段长度

A. Ⅰ、Ⅱ、Ⅲ

B. Ⅰ、Ⅱ、Ⅴ

C. Ⅰ、Ⅱ、Ⅲ、Ⅴ

D. 全部

28. DES 加密算法采用的密钥长度是（　　）。

A. 32 位　　B. 64 位　　C. 56 位　　D. 128 位

29. 甲要发给乙一封信，他希望信的内容不会被第三方了解和篡改，他应该（　　）。

A. 加密信件

B. 先加密信件，再对加密后的信件生成消息认证码，将消息认证码和密文一起传输

C. 对明文生成消息认证码，加密附有消息认证码的明文，将得到的密文传输

D. 对明文生成消息认证码，将明文与消息认证码一起传输

30. Linux 操作系统与 Windows NT、NetWare、UNIX 等传统网络操作系统最大的区别是（　　）。

A. 支持多用户

B. 开放源代码

C. 支持仿真终端服务

D. 具有虚拟内存的能力

31. 物理层采用（　　）手段来实现比特传输所需的物理连接。

A. 通信通道

B. 网络节点

C. 物理层协议规定的四种特性

D. 传输差错控制

32. 系统以通信子网为中心，通信子网处于网络的（　　），是由网络中的各种通信设备及只用作信息交换的计算机构成。

A. 内层　　B. 外层　　C. 中层　　D. 前端

33. 一个校园网与城域网互联，它应该选用的互联设备为（　　）。

A. 交换机　　B. 网桥　　C. 路由器　　D. 网关

34．构建校园网（Campus Network）时，常采用的体系结构是（　　）。

A．SNA

B．DNA

C．ISO 的 OSI

D．TCP / IP 协议簇

35．在网络的拓扑结构中，一旦中心节点出现故障，就会造成全网瘫痪的结构是（　　）。

A．星型结构

B．树型结构

C．网型结构

D．环型结构

36．攻击者不仅已知加密算法和密文，而且还能够通过某种方式，让发送者在发送的信息中插入一段由他选择的信息，那么攻击者所进行的攻击最可能属于（　　）。

A．唯密文攻击

B．已知明文攻击

C．选择明文攻击

D．选择密文攻击

37．关于远程登录，以下（　　）是不正确的。

A．远程登录定义的网络虚拟终端提供了一种标准的键盘定义，可以用来屏蔽不同计算机系统对键盘输入的差异性

B．远程登录利用传输层 TCP 协议进行数据传输

C．利用远程登录提供的服务，用户可以使自己计算机暂时成为远程计算机的一个仿真终端

D．为执行远程登录服务器上应用程序，远程登录客户端和服务器端要使用相同类型的操作系统

38．ATM 的含义是（　　）。

A．Automatic Treading Machine

B．Automatic Teller Machine

C．Asynchronous Transfer Mode

D．Asynchronous Tranlation Mode

39．SDH 在的网络单元中，如果要从 140 Mbps 的集合信号 2 M 中提取的支路信号，需要采用的设备是（　　）。

A．终端复用器

B．分插复用器

C．数字交叉连接设备

D．传输接口

40．Web 服务器通常使用的端口号是（　　）。

A．TCP 的 80 端口

B．UDP 的 80 端口

C．TCP 的 25 端口

D．UDP 的 25 端口

41．网络防火墙的安装位置应该在（　　）。

A．内部网络与因特网的接口处

B．通过公用网连接的总部网络与各分支机构网络之间的接口处

C. 公司内部各虚拟局域网之间
D. 以上所有位置

42. OSI 配置管理的主要目标是使网络（　　）。
A. 能及时恢复　　B. 安全可靠
C. 高效率运行　　D. 适应系统要求

43.（　　）功能的目标是掌握和控制网络的配置信息。
A. 配置管理　　B. 计费管理
C. 性能管理　　D. 故障管理

44. 在公钥加密系统中，（　　）密钥不能公开。
A. 公钥　　B. 私钥
C. 公钥加密算法能产生的　　D. 其他加密算法能产生的

45. WWW 是一种建立在 Internet 上的全球性的、交互的、动态的、多平台的、分布式的图形信息系统，它的最基本的概念是（　　）。
A. Hypertet　　B. Text　　C. File　　D. Multimedia

46. 在网络的拓扑结构中，只有一个根节点，而其他节点都只有一个父节点的结构称为（　　）。
A. 星型结构　　B. 树型结构
C. 网型结构　　D. 环型结构

47. 消息认证技术是为了（　　）。
A. 数据在传递过程中不被他人篡改
B. 数据在传递过程中不被他人复制
C. 确定数据发送者的身份
D. 传递密钥

48. 计算机网络中的有线网和无线网是按照（　　）划分的。
A. 距离　　B. 通信媒体
C. 通信传播方式　　D. 通信速率

49. 下列叙述中，是数字签名功能的是（　　）。
A. 防止交易中的抵赖行为发生　　B. 防止计算机病毒入侵
C. 保证数据传输的安全性　　D. 以上都不对

50. 以下（　　）方法不能用于计算机病毒检测。
A. 自身校验　　B. 加密可执行程序
C. 关键字检测　　D. 判断文件的长度

51．基带总线传输要求在媒体两端安装（　　）。

A．计算机　　B．中继器

C．终端阻抗器　　D．端头变频器

52．Internet DNS 与其他名字服务是有区别的，下列叙述不正确的是（　　）。

A．是一个分布式系统

B．可以跨域响应和解析查询

C．仅在始化时存取必要信息，并通过 Cache 调整更新信息，避免重复读取

D．是一个实时系统

53．时移电视和直播电视的基本原理相同，主要差别在于传输方式的差异，时移电视是采用（　　）为用户实现时移电视的功能。

A．组播方式　　B．广播方式

C．点播方式　　D．多播方式

54．帧中继技术是在 OSI 的（　　）上用简化的方法传送和交换数据单元的技术。

A．物理层　　B．数据链路层

C．网络层　　D．传输层

55．（　　）的特征是加密过程不需要密钥。

A．对称型加密　　B．不对称型加密

C．不可逆加密　　D．可逆加密

56．目前，防火墙一般可以提供 4 种服务，它们是（　　）。

A．服务控制、方向控制、目录控制和行为控制

B．服务控制、网络控制、目录控制和方向控制

C．方向控制、行为控制、用户控制和网络控制

D．服务控制、方向控制、用户控制和行为控制

57．WWW 的网页文件是使用下列（　　）编写的。

A．主页制作语言　　B．超文本标识语言

C．WWW 编程语言　　D．Internet 编程语言

58．多媒体计算机处理图形、图像、音频、视频信号时，其数字化后的数据量十分庞大。必须对数据进行压缩，才能达到实用的要求。目前国际上对静止图像进行压缩的国际标准是（　　）。

A．H. 261　　B．JPEG　　C．P × 64　　D．MPEG

59．计算机数据总线的宽度将影响计算机的（　　）技术指标。

A．运算速度　　B．字长度　　C．存储容量　　D．指令数量

60. 下列关于自愈网表述中，错误的是（　　）。

A. 自愈网就是不需要人为干预，在短时间内可以自动恢复网络通信的网络

B. 环型网是一类重要的自愈网

C. 自愈网的基本原理是使网络具备发现替代传输路由并重新确立通信的能力

D. 双向光纤的自愈环在一条环断开后，另一条环可以独立完成连接网络的任务

二、填空题

请将答案分别写在答题卡中序号为【1】至【20】的横线上，答在试卷上不得分。

1. 计算机网络是计算机技术与【1】技术相互渗透、密切结合的产物。

2. 奔腾芯片采用的流水线技术主要是【2】和超流水线技术。

3. 将一个大型局域网划分为若干互联的子网时，要使用网桥或【3】进行连接。

4. 采用点—点线路的通信子网的基本拓扑构型有 4 种：【4】、环型、树型、网型。

5. 如果互联的局域网采用了两种不同的协议，就需要使用【5】来连接。

6. 如果普通集线器的端口数不够用，可以使用【6】集线器。

7. 通信协议具有【7】、可靠性和有效性。

8. 典型的交换式局域网是交换式以太网，它的核心部件是【8】。

9. 在文件管理中，按文件中的信息流向分为：输入文件、输出文件、【9】。

10. ISA 总线的数据宽度为【10】位。

11. 时移电视和直播电视的基本原理相同，其主要差别在于【11】。

12. 下表为一路由器的路由表。如果该路由器接收到一个源 IP 地址为 192.168.1.10、目的 IP 地址为 192.168.4.40 的 IP 数据报，那么它将把此 IP 数据报投递到【12】。

要到达的网络	下一路由器
192.168.2.0	直接投递
192.168.3.0	直接投递
192.168.1.0	192.168.2.5
192.168.4.0	192.168.3.7

13. 帧中继是以面向连接的方式、以合理的数据传输速率与低的价格提供数据通信服务，它的设计目标主要是针对【13】之间的互连。

14. 根据美国国防部定义的安全准则（TCSEC），Windows NT 属于【14】级的计算机操作系统。

15. 网桥和路由器都是网络互联的设备，它们的区别主要表现在【15】的级别上。

16. 在 IPSec 协议簇中，有两个主要的协议，分别是身份证头协议和【16】。

17. 资源共享的观点将计算机网络定义为“以能够相互【17】的方式连起来的自治计算机系统的集合”。

18. 路由选择是在 ISO 参考模型中的【18】层实现的。

19. 浏览器和 Web 站点在利用 SSL 协议进行安全数据传输过程中，最终的会话密钥是由【19】产生的。

20. 目前使用的标准网络管理协议包括：SNMP、【20】和 LMMP 等。

第2套

一、选择题

下列各题A、B、C、D四个选项中，只有一个选项是正确的，请将正确选项涂写在答题卡相应位置上，答在试卷上不得分。

1. 下列对计算机发展阶段的描述中，比较全面的是（　　）。
   A. 计算机经过电子管、晶体管、集成电路、超大规模集成电路等发展阶段
   B. 计算机经过大型计算机、中型计算机、小型计算机、微型计算机等发展阶段
   C. 计算机经过大型计算机、微型计算机、网络计算机等发展阶段
   D. 计算机经过大型主机、小型计算机、微型计算机、局域网、Internet发展阶段

2. Internet上的机器互相通信所必须采用的协议是（　　）。
   A. X.25　　B. TCP / IP　　C. CSMA/CD　　D. PPP

3. 下列表述错误的是（　　）。
   A. 超流水线的实质是以时间换取空间
   B. 分支预测技术在硬件方面要设置一个分支目标缓存器
   C. 固化常用指令是指将一组指令集成为一个指令
   D. 双Cache中一个缓存指令，一个缓存数据

4. 现有IP地址66.77.9.79，那么它一定属于（　　）类地址。
   A. A　　B. B　　C. C　　D. D

5. 常用的局部总线是（　　）。
   A. EISA　　B. PCI　　C. VESA　　D. MCA

6. 主机板有许多分类方法，其中按主板的规格进行分类的是（　　）。
   A. Slot 1主板、Socket 7主板
   B. AT主板、Baby-AT主板、ATX主板
   C. SCSI主板、EDO主板、AGP主板
   D. TX主板、LX主板、BX主板

7. 某公司采用粗缆与细缆混合方式组建以太网，已知该公司用于室外的粗缆长200 m，那么用于室内的细缆段最长能达到（　　）。
   A. 91 m　　B. 100 m　　C. 122 m　　D. 186 m

8. 以下说法错误的是（　　）。

A. 连入局域网的数据通信设备是广义的，包括计算机、终端和各种外部设备

B. 局域网覆盖一个有限的地理范围

C. 连网局域网的计算机必须使用 TCP / IP 协议

D. 局域网可以提供高数据传输速率和低误码率的高质量数据传输环境

9. 以下关于城域网建设方案特点的描述中，正确的是（　　）。

A. 主干传输介质采用铜轴电缆

B. 交换结点采用基于 IP 交换的高速路由交换机或 ATM 交换机

C. 采用仅包含主机—网络层、互连层与传输层 TCP / IP 模式

D. 采用 ISO / OSI 七层结构模型

10. IEEE 802.5 标准定义的介质访问控制子层与物理层规范针对的局域网类型是（　　）。

A. 以太网　　B. 令牌总线

C. 令牌环　　D. MAN

11. 中断向量可以提供（　　）。

A. 被选中设备的起始地址　　B. 传送数据的起始地址

C. 中断服务程序入口地址　　D. 主程序的断点地址

12. 10 Mbps 的传输速率，每秒钟可以发送（　　）bit。

A. 1×10^7　　B. 1×10^6

C. 1×10^9　　D. 1×10^{12}

13. 香农定理描述了（　　）参数之间的关系。

Ⅰ. 最大传输速率　　Ⅱ. 信号功率

Ⅲ. 功率噪声　　Ⅳ 信道带宽

A. Ⅰ、Ⅱ和Ⅲ　　B. 仅Ⅰ和Ⅱ

C. 仅Ⅰ和Ⅲ　　D. 全部

14. 数字签名技术中，发送方使用自己的（　　）对信息摘要进行加密。

A. 公钥　　B. 私钥

C. 数字指纹　　D. 数字信封

15. 为了照顾短作业用户，进程调度采用（　　）。

A. 先进先出调度　　B. 短执行进程优先调度

C. 优先级调度　　D. 轮转法

16. MPEG-1 标准的带宽为（　　）。

A. 1.5 Mbps　　B. 6~20 Mbps　　C. 64 Kbps　　D. 10 Mbps

17. 如果两个局域网 LAN A 和 LAN B 互连，采用的互连设备是网关，则适合的互连环境是（　）。

A. LAN A 和 LAN B 的传输层协议不同，而其他层协议均相同

B. LAN A 和 LAN B 的传输层协议不同，而其他层协议也不同

C. LAN A 和 LAN B 的传输层协议相同，而其他层协议也相同

D. LAN A 和 LAN B 的传输层协议相同，而其他层协议均不同

18. 普通的集线器一般都提供两类端口：（　）。

A. RJ-45 端口和向上连接端口　　B. RJ-45 端口和 AUI 端口

C. RJ-45 端口和 BNC 端口　　D. RJ-45 端口和光纤连接端口

19. 以下关于 Token Bus 局域网特点的描述中，正确的是（　）。

A. 令牌总线局域网是基于 802.5 标准的

B. 令牌总线必须人为地为新节点加入环提供机会

C. 令牌总线不需要进行环维护

D. 令牌总线能够提供优先级服务

20. 下面不是宽带网络的相关技术的是（　）。

A. 传输技术　　B. 身份认证技术

C. 交换技术　　D. 接入技术

21. 路由器在网络中（　）。

A. 识别的是数据帧的物理地址

B. 识别的是数据包的网络地址

C. 既不识别物理地址，也不识别网络地址

D. 识别的是逻辑地址

22. 以下关于 Ethernet 地址的描述，正确的是（　）。

A. Ethernet 地址就是通常所说的 IP 地址

B. 每台主机只能对应一个 MAC 地址

C. 域名解析必然会用到 MAC 地址

D. 每个网卡的 MAC 地址都是唯一的

23. 以下地址是 MAC 地址的是（　）。

A. 0D-01-22-AA　　B. 00-01-22-0A-AD-01

C. A0.01.00　　D. 139.216.000.012.002

24. 下列不属于计算机网络目标的是（　）。

A. 资源共享　　B. 提高工作效率

C. 提高商业利益　　D. 节省投资

25. 在 NetWare 网络中，对网络的系统安全性负有重要责任的是（　　）。

A. 网络管理员　　B. 组管理员

C. 网络操作员　　D. 普通网络用户

26. 互连网络不能屏蔽以下差异的是（　　）。

A. 网络协议　　B. 服务类型

C. 网络管理　　D. 网络速度

27. 在半导体存储器中，动态 RAM 的特点是（　　）。

A. 信息在存储介质中移动　　B. 按字结构方式存储

C. 按位结构方式存储　　D. 每隔一定时间要进行一次刷新

28. IEEE 制定的（　　）协议是专门为无线网络使用的，其目的是规范无线网产品、增加各种无线网产品的兼容性。

A. 802.3　　B. 802.6

C. 802.5　　D. 802.11

29. 下列表述中错误的是（　　）。

A. 在域模式下，用户只要有一个账户在域中，就可以访问整个网络

B. 活动目录是 Windows NT 的一个重要功能

C. 在 Windows 2000 网络中，所有的域控制器之间都是平等的关系

D. NetWare 网络操作系统是 Novell 公司的产品

30. 在互联网中，要求各台计算机所发出的数据（或经转换后），满足一系列通信协议这是为了（　　）。

A. 达到计算机之间互联的目的

B. 通信网络在某一处受到破坏以后仍然能够正常通信

C. 提高网络的保密性

D. 降低网络的通信成本

31. 中继器用于网络互连，其缺点是（　　）。

A. 增加网络结构的复杂性　　B. 不能有效地控制网络流量

C. 使网络物理拓扑对用户透明　　D. 使用户操作网络更难

32. 关于局域网中 IP 地址，下列表述错误的是（　　）。

A. 每台主机至少有一个 IP 地址

B. 一台主机可以有多个 IP 地址

C. 一台主机只能有一个 IP 地址

D. 多台主机不能共用一个 IP 地址

33. 下列关于进程调度的说法中，错误的是（   ）。

A. 进程调度的任务是控制、协调进程对 CPU 的竞争，进程调度即处理机调度

B. 调度算法解决以什么次序、按何种时间比例对就绪进程分配处理机

C. 时间片轮转法中，时间片长度的选取非常重要

D. 进程优先级的设置可以是静态的，不可以是动态的

34. 从工作的角度看操作系统，可以分为：单用户系统、批处理系统、（   ）和实时系统。

A. 单机操作系统　　B. 分时操作系统

C. 面向过程的操作系统　　D. 网络操作系统

35. 万维网（WWW）的主要特点是采用（   ）技术，它是因特网增长最快的一种网络信息服务。

A. 数据库　　B. 超文本　　C. 视频　　D. 页面交换

36. 局域网数据传输具有高传输速率、低误码率的特点，典型的以太网数据传输速率可以从 10 Mbps 到（   ）。

A. 100 Mbps　　B. 644 Mbps

C. 1 Gbps　　D. 10 Gbps

37. 下面关于存储管理任务的叙述中，不正确的是（   ）。

A. 内存管理是给每个应用程序所必需的内存，而又不占用其他应用程序的内存

B. 内存管理是管理硬盘和其他大容量存储设备中的文件

C. 当某些内存不够时，可以从硬盘的空闲空间生成虚拟内存以供使用

D. 采取某些步骤以阻止应用程序访问不属于它的内存

38. 下列网络单元中，属于访问节点的是（   ）。

A. 通信处理机　　B. 主计算机

C. 路由器　　D. 线路控制器

39. 下图为一个简单的互联网示意图。其中，路由器 R 的路由表中到达网络 210.0.10.0 的下一跳步 IP 地址应为（   ）。

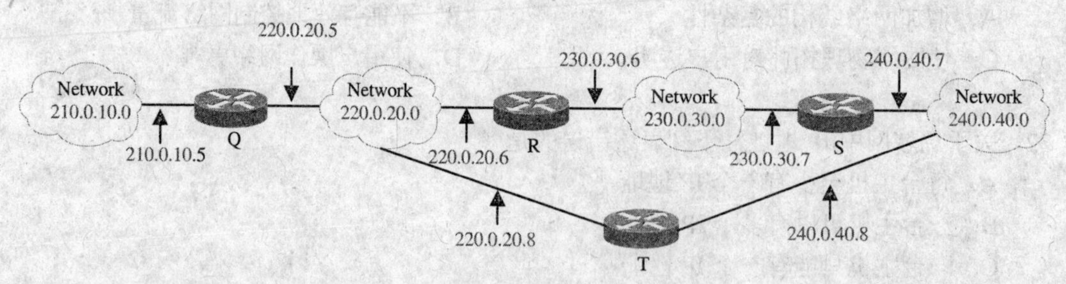

A. 210.0.10.5 或 220.0.20.5　　B. 220.0.20.6 或 220.0.20.8

C. 230.0.30.6 或 230.0.30.7　　D. 230.0.30.7 或 220.0.20.5

40. 下面关于 CA 的叙述中，错误的是（　　）。

A. CA 负责所有实体证书的签发和分发

B. CA 使用数字签名使得攻击者不能伪造和篡改证书

C. CA 进行在线销售和在线谈判，处理用户的订单

D. CA 以磁盘或智能 IC 卡的形式向用户发放证书

41. 下列说法中错误的是（　　）。

A. TCP 协议可以提供可靠的数据流传输服务

B. TCP 协议可以提供面向连接的数据流传输服务

C. TCP 协议可以提供全双工的数据流传输服务

D. TCP 协议可以提供面向非连接的数据流传输服务

42. Web 页面通常利用超文本方式进行组织，这些相互链接的页面（　　）。

A. 必须放置在用户主机上

B. 必须放置在同一主机上

C. 必须放置在不同主机上

D. 既可以放置在同一主机上，也可以放置在不同主机上

43. LLC 链路的操作方式只有（　　）。

A. 异步平衡方式 ABM　　B. 正常响应方式 NPM

C. 异步响应方式 ARM　　D. 非正常响应方式

44. 卫星通信中使用的无线传输媒体是（　　）。

A. 无线电波　　B. 红外线

C. 微波　　D. 激光

45. 同种局域网进行互连，需要（　　）。

A. 安装与设置路由器　　B. 更换操作系统

C. 用到中继器或网桥　　D. 变更介质

46. 网络管理员给文件服务器发命令，要求将文件“Admin.doc”删除。文件服务器上的认证机制需要确定的主要问题是（　　）。

A. 管理员是否有删除该文件的权利

B. 管理员采用的是哪种加密技术

C. 该命令是否为管理员发出的

D. 管理员发来的数据是否有病毒

47. UDP 是一个（　　）传输协议。

A. 端到端　　B. 面向连接的

C. 和 IP 协议并列的　　D. 不可靠

48. 下列关于 IPv4 地址的说法中，错误的是（　　）。

A. IP 地址由两部分组成：网络地址和主机地址

B. 网络中的每台主机分配了唯一的 IP 地址

C. IP 地址可分为三类：A、B、C

D. 随着网络主机的增多，IP 地址资源将要耗尽

49. 下列叙述中，不正确的是（　　）。

A. 存储管理主要是指对内存的管理

B. 现在计算机系统所配置的内存容量越来越大

C. 随着计算机系统所配置的内存容量越来越大，存储管理的作用越来越小

D. 在一定条件下实现共享虚拟内存空间也是存储管理的任务

50. 计算机的主存储器可以分为（　　）。

A. 内存储器和外存储器　　B. 硬盘存储器和软盘存储器

C. 磁盘存储器和光盘存储器　　D. 只读存储器和随机存取存储器

51. 在 UDP 端口号中，53 号端口用于（　　）。

A. FTP　　B. SMTP　　C. DOMAIN　　D. TFTP

52. 下列地址中（　　）是组播（Multicast）地址。

A. 202.113.72.6　　B. 224.0.1.129

C. 59.67.33.8　　D. 178.1.2.8

53. IPTV 的基本技术形态可以概括为视频数字化、播放流媒体化和（　　）。

A. 传输 ATM 化　　B. 传输 IP 化

C. 传输组播化　　D. 传输点播化

54. 面向无连接的网络服务具体实现是（　　）。

A. 数据报　　B. 虚电路　　C. TCP　　D. IP

55. 在制定网络安全策略时，应该在网络安全分析的基础上，从（　　）方面提出相应的对策。

A. 硬件与软件

B. 技术与制度

C. 管理员与用户

D. 物理安全与软件缺陷

56. 微型计算机中的微处理器是把（　　）集成在一块芯片中。

A. 运算器和计算器　　B. 控制器和运算器

C. 运算器和加法器　　D. 控制器和译码器

57．下列说法中错误的是（   ）。

A．网际协议是“无连接”的

B．传输控制协议是一个端到端的协议，是面向“连接”的

C．主机两次发往同一目的主机的数据可能会沿着不同的路径到达目的主机

D．IP 作用 TCP 传递信息

58．在客户机 / 服务器模型中，标识一台主机中的特定服务通常使用（   ）。

A．主机的域名

B．主机的 IP 地址

C．主机的 MAC 地址

D．TCP 和 UDP 端口号

59．ATM 技术主要是解决（   ）。

A．带宽传输问题

B．带宽交换问题

C．带宽接入问题

D．网络成本问题

60．下面关于美国国防部安全准则的说法，错误的是（   ）。

A．美国国防部安全准则包括 4 个级别：A、B、C、D

B．D1 级是计算机安全最低的一级

C．Windows NT 能够达到 C2 级

D．C1 级是能够控制系统的用户访问级别

二、填空题

请将答案分别写在答题卡中序号为【1】至【20】的横线上，答在试卷上不得分。

1．文件存取方式按存取次序通常分为顺序存取、【1】，还有一类按键索引。

2．测量 CPU 的处理速度，有两种常用的单位：表示定点指令的平均执行速度用 MIPS，表示浮点指令的平均执行速度用【2】。

3．由于在多媒体网络应用中需要同时传输语音、数字、文字、图形与视频信息等多种类型的数据，不同类型的数据对传输的服务要求不同，因此多媒体网络应用要求网络传输提供高速率与低【3】的服务。

4．依据信道可以通过的信号频率，可以将信道分为低能、高能和【4】三种。

5．在客户机 / 服务器结构中，【5】数据的能力已由文件管理方式上升为数据库管理。

6．传输层的主要任务是向用户提供可靠的【6】服务，透明地传送报文。

7. 计算机厂家在 UNIX 标准上分裂为两个阵营：一个是 UNIX 国际（UI），以 AT&T 和 SUN 公司为首，另一个是【7】，以 IBM、HP、DEC 公司为首。

8. 传统文本都是线性的、顺序的，而超文本是【8】。

9. 信号处理技术包括编码和【9】、加密、纠错算法以及用硬件、软件实现的方法。

10. Unix 系统结构由两部分组成：一部分是操作系统内核，另一部分是【10】。

11. 因特网中的通信线路归纳起来主要有两类：有线线路和【11】线路。

12. 中国公用数字数据网简称【12】。

13. 在文件系统中，采用链接结构的文件适合于【13】存取方式。

14. 在网络管理中，一般使用管理者——【14】的管理模型。

15. SNMP 体系结构中，从被管理设备中收集数据有两种方法：一种是【15】，另一种是基于中断的方法。

16. 故障管理用于保证网络资源无障碍、无错误地运营，包括障碍管理、故障恢复和【16】。

17. 流媒体数据有 3 个特点：连续性、实时性和【17】。

18. 按照压缩编码的原理可分为：熵编码（无损压缩）、源编码（有损压缩）和【18】。

19. 高速 Internet 所采用的核心思想是【19】。

20. 计算机的三大应用领域是【20】、信息处理和计算机控制。

第3套

一、选择题

下列各题A、B、C、D四个选项中，只有一个选项是正确的，请将正确选项涂写在答题卡相应位置上，答在试卷上不得分。

1. 当采用外置网卡时，网卡通过（　　）与计算机相连。

A. COM1　　B. COM2

C. 串行通信接口　　D. 打印机接口

2. 系统的可靠性通常用MTBF和MTTR来表示。其中MTBF的意义是（　　）。

A. 每年故障发生次数　　B. 每年故障维修时间

C. 平均无故障时间　　D. 平均故障修复时间

3. 下述说法中，错误的是（　　）。

A. 分布式操作系统与网络操作系统是两个完全不同的系统软件

B. 分布式操作系统与网络操作系统在物理结构上是没有区别的

C. 分布式操作系统要求一个统一的操作系统，系统结构对用户是透明的

D. 网络操作系统要求一个统一的操作系统，系统结构对用户是透明的

4. 现有IP地址：210.113.41.55，那么它一定属于（　　）类地址。

A. A　　B. B　　C. C　　D. D

5. 服务器处理的数据都很庞大，例如大型数据库、数据挖掘、决策支持以及设计自动化等应用，因而需要采用多个安腾处理器来组成系统。安腾芯片采用的创新技术是（　　）。

A. 复杂指令系统计算CISC　　B. 精简指令系统计算RISC

C. 简明并行指令计算EPIC　　D. 复杂并行指令计算CPIC

6. IBM微机及其兼容机系统中Pentium 450，其中数字450代表（　　）。

A. 内存的容量　　B. 内存的存取速度

C. CPU的型号　　D. CPU的速度

7. 按覆盖的地理范围进行分类，计算机网络可以分为三类（　　）。

A. 局域网、广域网与X.25　　B. 局域网、广域网与宽带网

C. 局域网、广域网与ATM　　D. 局域网、广域网与城域网

8. 分辨率为 1 024×768 的真彩色图像，像素分辨率为 32bit。如果以每秒 25 帧动态显示，则需要的通信带宽约为（　　）。

A. 1.544 Mbps　　B. 2.048 Mbps

C. 630 Mbps　　D. 184 Mbps

9. 外部设备属于（　　）。

A. 永久性资源　　B. 临时性资源

C. 动态资源　　D. 静态资源

10. 下面关于 FDDI 的说法中，不正确的是（　　）。

A. 采用单令牌方式

B. 物理子层采用双极归零编码

C. 为提高系统可靠性，采用双环结构

D. 一种高性能的光纤令牌环网，它的数据传输速率为 100 Mbps

11. 描述计算机网络中数据通信的基本技术参数是数据传输速率与（　　）。

A. 服务质量　　B. 传输延迟

C. 误码率　　D. 响应时间

12. 如果按设备的数据组织方式分类，正确的是（　　）。

A. 输入设备、输出设备

B. 存储设备、虚拟设备

C. 块设备、字符设备

D. 独占设备、共享设备

13. 当系统发生某个事件时，CPU 暂停当前程序的执行转而去执行相应程序的过程，称为（　　）。

A. 中断请求　　B. 中断响应

C. 中断嵌套　　D. 中断屏蔽

14.（　　）不是邮件服务器使用的协议。

A. SMTP 协议　　B. MIME 协议

C. POP 协议　　D. FTP 协议

15. 以下关于 TCP / IP 传输层协议的描述中，错误的是（　　）。

A. TCP / IP 传输层定义了 TCP 和 UDP 两种协议

B. TCP 协议要完成流量控制功能

C. UDP 协议主要用于不要求按分组顺序到达的传输

D. UDP 协议与 TCP 协议都能够支持可靠的字节流传输

16. 在数据分布中，把数据按行分成若干子集的是（　　）。

A. 垂直分布　　B. 水平分布

C. 导出分布　　D. 混合分布

17. 使用中继器连接后，整个网络（　　）。

A. 可靠性提高了　　B. 传输速度提高了

C. 物理拓扑结构改变了　　D. 原来的物理层协议并没有改变

18. 在总线型局域网中，由于总线作为公共传输介质被多个节点共享，因此在工作过程中需要解决的问题是（　　）。

A. 拥塞　　B. 冲突

C. 交换　　D. 互联

19. IP 协议实现信息传输的依据是（　　）。

A. 域名系统　　B. 路由器

C. URL　　D. IP 地址

20. 下列关于 C 类 IP 地址的说法中，正确的是（　　）。

A. 可用于中型规模的网络

B. 在一个网络中最多只能连接 256 台设备

C. 此类 IP 地址用于多目的地址发送

D. 此类 IP 地址则保留为今后使用

21. 最早使用随机争用技术的网络是（　　）。

A. NSFNET　　B. Internet

B. ARPANET　　D. ALOHA

22. 不同信号在不同的时间轮流使用物理信道的技术称为（　　）。

A. 频分多路复用　　B. 波分多路复用

C. 时分多路复用　　D. 同步时分多路复用

23. 在 OSI 参考模型中，介于数据链路层和传输层之间的是（　　）。

A. 通信层　　B. 网络层

C. 物理层　　D. 应用层

24. IEEE 802 标准中，将 LAN 定义为 3 层的结构模型，以下不属于 LAN 模型范畴的是（　　）。

A. 网络层　　B. 介质访问控制层

C. 物理层　　D. 逻辑链路控制层

25. 下列关于介质访问控制的表述中，错误的是（　　）。

A. CSMA / CD 在网络通信负荷较低时表现出较好的吞吐率与延迟特性

B. Token Bus 与 Token Ring 在网络负荷较高时表现出很好的吞吐率

C. CSMA / CD 适用于对实时性要求较高的网络

D. Token Bus 与 Token Ring 都需要环维护功能

26. 没有通用的决策规则的决策过程称为（　　）。

A. 结构化决策　　B. 半结构化决策

C. 非结构化决策　　D. 随机决策

27. 下面关于认证技术的说法中，正确的是（　　）。

A. 消息认证是给计算机网络中传送的报文加盖印章以保证其真实性的一种技术

B. 身份认证中一个身份的合法拥有者被称为一个实体

C. 数字签名是八进制的字符串

D. 以上都不对

28. 在局域网交换机中，交换机只接收帧的前 64 个字节，如果没有错误就将帧整体转发出去，这种交换方法叫做（　　）。

A. 直接交换　　B. 存储转发交换

C. 改进直接交换　　D. 查询交换

29. 帧中继节点在转发时发现拥塞则（　　）。

A. 暂停工作直至拥塞结束

B. 通知上一级节点停止发送直至拥塞结束

C. 把到来的帧转发至别处，直至拥塞结束

D. 丢弃来到的帧，直至拥塞结束

30. 面向终端的单级计算机网络是计算机网络发展的（　　）。

A. 第一阶段　　B. 第二阶段

C. 第三阶段　　D. 第四阶段

31. 某主机的 IP 地址为 187.190.28.34，则该 IP 是（　　）IP 地址。

A. A 类　　B. B 类　　C. C 类　　D. D 类

32. Intranet 是一种（　　）。

A. Internet 发展的一个阶段　　B. Internet 发展的一种新的技术

C. 企业内部网络　　D. 企业外部网络

33. 一种 Ethernet 交换机具有 48 个 10/100 Mbps 的全双工端口与 2 个 1 000 Mbps 的全双工端口，其总带宽最大可以达到（　　）。

A．1.36 Gbps

B．2.72 Gbps

C．13.6 Gbps

D．27.2 Gbps

34．对于下列说法，错误的是（　　）。

A．TCP 协议可以提供可靠的数据流传输服务

B．TCP 协议可以提供面向连接的数据流传输服务

C．TCP 协议可以提供全双工的数据流传输服务

D．TCP 协议可以提供面向非连接的数据流传输服务

35．某主机的 IP 地址为 202.113.25.55，子网掩码为 255.255.255.240。该主机的有限广播地址为（　　）。

A．202.113.25.255

B．202.113.25.240

C．255.255.255.55

D．255.255.255.255

36．代理服务型防火墙是基于（　　）的技术。

A．物理层　　B．数据链路层　　C．网络层　　D．应用层

37．鲍伯每次打开 Word 程序编辑文档时，计算机都会把文档传送到另一台 FTP 服务器上，鲍伯怀疑最大的可能性是 Word 程序已被黑客植入（　　）。

A．特洛伊木马

B．FTP 匿名服务

C．病毒

D．陷门

38．因特网的域名解析需要借助于一组既独立又协作的域名服务器完成，这些域名服务器组成的逻辑结构为（　　）。

A．总线型　　B．树型　　C．环型　　D．星型

39．用 RSA 算法加密时，已知公钥是（e=7,n=20），私钥是（d=3,n=20），用公钥对消息 M=3 加密，得到的密文是（　　）。

A．19

B．12

C．13

D．7

40．很多 FTP 服务器都提供了匿名 FTP 服务。如果没有特殊说明，匿名 FTP 账号为（　　）。

A．guest

B．anonymous

C．niming

D．匿名

41．关于 Telnet 服务，以下说法正确的是（　　）。

A．Telnet 采用了对等模式

B．Telnet 允许任意类型的计算机之间进行通信

C．Telnet 利用 UDP 进行信息传输

D．用户使用 Telnet 的主要目的是下载文件

42. 在分布透明性中，用户只需知道数据的分片情况是（　　）。

A. 分片透明　　B. 位置透明

C. 局部数据模型透明　　D. 分布透明

43. 下列关于 WWW 浏览器的说法中，正确的是（　　）。

A. WWW 浏览器是 WWW 的服务器端程序

B. WWW 浏览器可以访问 FTP 服务器的资源

C. 利用 WWW 浏览器可以保存主页，但不能打印主页

D. 以上都不对

44.（　　）操作系统是第一种获得 EAL4 认证的操作系统。

A. NetWare 3.x　　B. Windows 2000

C. Linux　　D. Windows XP

45. 下面加密算法不属于对称加密的是（　　）。

A. DES　　B. IDEA

C. TDEA　　D. RSA

46. 对于 IP 地址中的主机号部分，子网屏蔽码用（　　）表示。

A. 0　　B. 1　　C. 11　　D. 111

47. 现有 IP 地址：185.113.41.55，那么它一定属于（　　）类地址。

A. A　　B. B　　C. C　　D. D

48. DES 是一种常用的对称加密算法，其一般的分组长度为（　　）。

A. 32 位　　B. 56 位

C. 64 位　　D. 128 位

49. 下列叙述不正确的是（　　）。

A. 存储管理主要是指对内存的管理

B. 现在计算机系统所配置的内存容量越来越大

C. 随着计算机系统所配置的内存容量越来越大，存储管理的作用越来越小

D. 在一定条件下实现共享虚拟内存空间也是存储管理的任务

50. 在下述关于网络管理的观点中，正确的是（　　）。

A. 网络管理就是针对局域网的管理

B. 网络管理的目的包括使系统持续、稳定、可靠、安全、有效地运行

C. 提高设备利用率不是网络管理的目的

D. 网络管理就是收费管理

51. Google 搜索引擎主要采用了分布式爬行网页采集技术、超文本匹配分析和（　　）。

A. 超链分析技术　　B. 智能化中文语言处理技术

C. 智能化相关度算法技术　　D. 页面等级技术

52. 20 世纪 60 年代中期，英国国家物理实验室 NPL 的戴维斯（Davies）提出了（　　）的概念。

A. 分组　　B. 交换　　C. 路由　　D. 共享

53. TCP / IP 参考模型的互连层与 OSI 参考模型的（　　）的功能是相同的。

A. 传输层　　B. 网络层　　C. 数据链路层　　D. 物理层

54. 以下不是分组密码优点的是（　　）。

A. 良好的扩散性　　B. 对插入的敏感程度高

C. 不需要密钥同步　　D. 加密速度快

55. 决策者个人素质起决定性作用的决策过程是（　　）。

A. 结构化决策　　B. 半结构化决策

C. 非结构化决策　　D. 随机决策

56. SIMPLE 协议簇是 IM 通用协议的主要代表之一，它是对（　　）协议的扩展。

A. XMPP　　B. JABBER

C. MSNP　　D. SIP

57. 100 Mb/s 快速以太网与 10 Mb/s 以太网工作原理的相同之处主要在（　　）。

A. 介质访问控制方法　　B. 物理层协议

C. 网络层　　D. 发送时钟周期

58. SDH 的帧结构包括三部分，不是其中之一的是（　　）。

A. 段开销区域　　B. 头区域

C. 管理单元指针区域　　D. 净负荷区域

59. 数字信封使用（　　）加密算法对要发送的数据信息进行加密。

A. 可逆　　B. 公有密钥

C. 私有密钥　　D. 不可逆

60. 目前，保证电子邮件安全性的方式是使用（　　）。

A. 消息认证　　B. 数字证书

C. 数据加密标准　　D. 以上都不对

二、填空题

请将答案分别写在答题卡中序号为【1】至【20】的横线上，答在试卷上不得分。

1. 奔腾芯片有两条【1】流水线和一条浮点指令流水线。

2. 目前实现了机柜优化、可以热插拔的服务器称为【2】式服务器。

3. 图像处理软件包括处理矢量图型的 CorelDraw 和处理位图图像的【3】。

4. 物理层定义了两个兼容接口，即依赖于媒体的媒体相关接口 MDI 和【4】。

5. 误码率的计算公式为 $P_e = N_e / N$，其中 N_e 表示【5】。

6. 对等结构的局域网操作系统可以提供共享硬盘、共享 CPU、共享屏幕、共享打印机和【6】等服务。

7. 决定局域网特性的主要技术要素是：网络拓扑、传输介质与【7】方法。

8. 早期的【8】结构局域网操作系统以共享硬盘服务器为基础，向网络工作站用户提供共享硬盘、共享打印机、电子邮件和通信等基本服务功能。

9. Novell 公司曾经轰动一时的网络操作系统是【9】，今天仍有 6.5 版本在使用。

10. 局域网所使用的传输介质主要有【10】、同轴电缆、光纤、微波和无线电波。

11. 网络中的用户和系统必须确保关键数据和资源的完整性，这是指数据不被【11】。

12. 在局域网模型中，物理层负责体现机械、电气和过程方面的特性，以建立、维护和拆除【12】。

13. 收取邮件时可以使用 IMAP 协议或【13】协议。

14. TCP / IP 模型中最下面是【14】。

15. 按调制方法分类可以分为振幅键控、【15】和相移键控三种。

16. 操作系统之所以能够找到磁盘上的文件，是因为在磁盘上有文件名与存储位置的纪录。在 Windows 里，它被称为【16】。

17．目前，广泛使用的电子邮件安全方案是 S / MIME 和<u>【17】</u>。

18．Fast Ethernet 的数据传输速率为 100 Mbps，保留着与传统的 10 Mbps 速率 Ethernet <u>【18】</u>的帧格式。

19．在虚拟段式存储管理中，若逻辑地址的段内地址<u>【19】</u>段表中该段的段长，则发生地址越界中断。

20．ATM 信元结构中，信头差错控制（HEC）字段是对信头前<u>【20】</u>个字节的 8 位 CRC 码校验。

第4套

一、选择题

下列各题A、B、C、D四个选项中，只有一个选项是正确的，请将正确选项涂写在答题卡相应位置上，答在试卷上不得分。

1. 我国第一条与国际互联网连接的专线是从中国科学院高能物理研究所到斯坦福大学直线加速器中心的，它建成于（　　）。

A. 1989年6月　　B. 1991年6月
C. 1993年6月　　D. 1995年6月

2. 下面说法错误的是（　　）。

A. Linux操作系统部分符合UNIX标准，可以将Linux上完成的程序经过重新修改后移植到UNIX主机上运行
B. Linux操作系统是免费软件，可以通过网络下载
C. Linux操作系统不限制应用程序可用内存的大小
D. Linux操作系统支持多用户，在同一时间内可以有多个用户使用主机

3. 下列关于进程调度的说法中，错误的是（　　）。

A. 进程调度的任务是控制、协调进程对CPU 的竞争，进程调度即处理机调度
B. 调度算法解决以什么次序、按何种时间比例对就绪进程分配处理机
C. 时间片轮转法中，时间片长度的选取并不重要
D. 进程优先级的设置可以是静态的，也可以是动态的

4. 下列对奔腾芯片的体系结构的叙述中，错误的是（　　）。

A. 奔腾4细化流水的深度达到24级
B. 奔腾4的算术逻辑单元可以以双倍的时钟频率运行
C. 在处理器与内存控制器间提供了3.2 Gbps的带宽
D. SSE指流式的单指令流、多数据流扩展指令

5. RIP协议比较适合应用的互联网规模为（　　）。

A. 小型到中型　　B. 中型到大型
C. 大型到特大型　　D. 都可以

6. 在接入网概念中，紧接用户终端的部分是（　　）。

A. 主干系统　　B. 配线系统　　C. 引入线　　D. 控制线

7. 广域网覆盖的地理范围从几十公里到几千公里。它的通信子网主要使用（　　）。

A．报文交换技术　　B．分组交换技术

C．文件交换技术　　D．电路交换技术

8. 下面关于 PC 机 CPU 的叙述中，不正确的是（　　）。

A．为了暂存中间结果，CPU 中包含几十个甚至上百个寄存器，用来临时存放数据

B．CPU 是 PC 机中不可缺少的组成部分，它担负着运行系统软件和应用软件的任务

C．CPU 至少包含一个处理器，为了提高计算速度，CPU 也可以由 2 个、4 个、8 个甚至更多个处理器组成

D．所有 PC 机的 CPU 都具有相同的机器指令

9. 在 TCP/IP 协议中，UDP 协议属于（　　）。

A．主机—网络层　　B．互联层

C．传输层　　D．应用层

10.（　　）拓扑结构是点—点式网络和广播式网络都可以使用的类型。

A．环型　　B．总线型

C．星型　　D．网状型

11. 国际标准化组织制定了开放互联系统模型，它把通信服务分成（　　）个标准组，每个组称为一层。

A．3　　B．5　　C．7　　D．9

12. 误码率应该是衡量数据传输系统（　　）工作状态下传输可靠性的参数。

A．正常　　B．不正常　　C．出现故障　　D．测试

13. SDH 最基本的模块信号是 STM-1，它的速率是（　　）。

A．2.048 Mbps　　B．64 Kbps

C．622.080 Mbps　　D．155.520 Mbps

14. TCP / IP 参考模型中，主机—网络层与 OSI 参考模型中的（　　）相对应。

A．物理层与数据链路层　　B．网络层

C．传输层与会话层　　D．应用层

15. 属于 NOS 解决范围的有（　　）。

A．电子窃听

B．防病毒侵入

C．控制对服务器的访问

D．通过公用电话网侵入，从网上直接截取信息

16. 开放系统参考模型中的基本构造方法是（　　）。

A. 连接　　B. 通信

C. 分层　　D. 都不对

17. 以下不是决定局域网特性要素的是（　　）。

A. 传输介质　　B. 网络拓扑

C. 介质访问控制方法　　D. 网络应用

18. 输入设备属于按（　　）对设备进行的划分。

A. 用途　　B. 数据传输格式

C. 资源分配方式　　D. 管理方式

19. ISO 定义了（　　）类面向连接的传输协议。

A. 3　　B. 4

C. 5　　D. 6

20. 采用直接交换方式的 Ethernet 交换机，其优点是交换延迟时间短，不足之处是缺乏（　　）。

A. 并发交换能力　　B. 差错检测能力

C. 路由能力　　D. 地址解析能力

21.“大海航行靠舵手”，在 Internet 这个信息海洋中遨游也需要浏览器这个舵手的帮助，Internet 的“舵手”是（　　）。

A. Modem　　B. Yahoo

C. Netscape Navigator　　D. Windows

22. SNMP 位于 OSI 参考模型的（　　）。

A. 物理层　　B. 会话层　　C. 表述层　　D. 应用层

23. 以下（　　）是自愿性中断。

A. 输入输出中断　　B. 内存校验中断

C. 访管中断　　D. 时钟中断

24. 数据传输速率是描述数据传输系统的重要技术指标之一，数据传输速率在数值上等于每秒钟传输构成数据代码的二进制（　　）。

A. 比特数　　B. 字符数　　C. 帧数　　D. 分组数

25. TCP 是一个（　　）传输协议。

A. 端到端　　B. 无连接

C. 和 IP 协议并列的　　D. 不可靠

26. 在作业管理中，图形窗口方式可以被认为是（　　）。

A. 命令方式
B. 命令文件方式
C. 菜单驱动方式
D. 菜单文件方式

27. 以下关于 FDDI 的说法中，错误的是（　　）。

A. 使用 IEEE 802.5 令牌环网介质访问控制协议
B. 具有分配带宽的能力，但只能支持同步传输
C. 使用 IEEE 802.2 协议
D. 可以使用多模或单模光纤

28. 下列关于奔腾芯片技术的叙述中，正确的是（　　）。

A. 超标量技术的特点是提高主频、细化流水
B. 超流水线技术的特点是内置多条流水线
C. 哈佛结构是把指令与数据混合存储
D. 分支预测能动态预测程序分支的转移

29. 一旦中心节点出现故障，则整个网络瘫痪的局域网的拓扑结构是（　　）。

A. 星型结构
B. 树型结构
C. 总线型结构
D. 环型结构

30. 网络操作系统提供的主网络管理功能有网络状态监控、网络存储管理和（　　）。

A. 攻击检测
B. 网络故障恢复
C. 中断检测
D. 网络性能分析

31. 千兆以太网的传输速率是传统的 10 Mbps 以太网的 100 倍，但是它仍然保留着和传统的以太网相同的（　　）。

A. 物理层协议
B. 帧格式
C. 网卡
D. 集线器

32. 对于加密技术中的密钥，下列说法中不正确的是（　　）。

A. 所有密钥都有生存周期
B. 密码分析的目的就是千方百计地寻找密钥或明文
C. 对称密码体制的加密密钥和解密密钥是相同的
D. 公钥密码体制的密钥都是公开的

33. IP 服务的 3 个主要特点是（　　）。

A. 不可靠、面向无连接和尽最大努力投递
B. 可靠、面向连接和尽最大努力投递
C. 不可靠、面向连接和全双工
D. 可靠、面向无连接和全双工

34. 数据库发展的最新形式是（　　）。

A. 个人计算机数据库
B. 局域网版本数据库
C. Internet 版本数据库
D. 建立在网络基础上的分布式数据库

35. 下列说法错误的是（　　）。

A. 拨号上网的用户动态地获得一个 IP 地址
B. 用户通过局域网接入因特网时，用户计算机需要增加局域网网卡
C. ISDN 可分为宽带（B-ISDN）和窄带（N-ISDN）
D. 拨号上网的传输速率可以达到 2 Mb/s

36. 大多数计算机系统将 CPU 执行状态划分为（　　）。

A. 暂态和执行状态
B. 等待状态和执行状态
C. 管态和暂态
D. 管态和目态

37. 以下关于因特网中的电子邮件的说法，错误的是（　　）。

A. 电子邮件应用程序的主要功能是创建、发送、接收和管理邮件
B. 电子邮件应用程序通常使用 SMTP 接收邮件、POP3 发送邮件
C. 电子邮件由邮件头和邮件体两部分组成
D. 利用电子邮件可以传送多媒体信息

38. 在 TCP / IP 体系结构中，IP 协议属于（　　）的协议。

A. 数据链路层
B. 互联网层
C. 网络接口层
D. 传输层

39. 当前 Internet 所使用的许多协议中最著名的是（　　）。

A. IEEE 802.3
B. Novell NetWare
C. TCP / IP 协议
D. ARPANET

40. （　　）是 HTTP 的端口号。

A. 23　　B. 80　　C. 21　　D. 110

41. 为了建立计算机网络通信的结构化模型，国际标准化组织制定了开放互联系统模型，其英文缩写为（　　）。

A. OSI / RM　　B. OSI / EM　　C. OSI / TM　　D. OSI / SM

42. 现在，可以说任何一种主要的硬件平台上，都可以找到一种适合它的 UNIX 操作系统。下面对几种被广泛使用的 UNIX 系统的描述中，不正确的是（　　）。

A. SUN 公司的 UNIX 系统是 Solaris
B. IBM 公司的 UNIX 系统是 POSIX
C. SCO 公司的 UNIX 系统是 OpenServer

D. HP 公司的 UNIX 系统是 HP-UX

43. 在因特网中，一般采用的网络管理模型是（　　）。

A. 浏览器 / 服务器　　B. 客户机 / 服务器
C. 管理者 / 代理　　D. 服务器 / 防火墙

44. 我国第一个采用 ATM 信元交换与帧中继交换的网络是（　　）。

A. 金桥网　　B. 中国公用数字数据网
C. 中国公用分组交换数据网　　D. 中国公用帧中继宽带业务网

45. Netware 为用户和应用程序提供了 4 个网络应用接口，其中不正确的是（　　）。

A. 数据报接口　　B. 工作站及 Shell
C. 网络层接口　　D. 虚拟电路接口

46. 在 TCP / IP 参考模型中，电子邮件协议属于（　　）的内容。

A. 网络层　　B. 互联层　　C. 传输层　　D. 应用层

47. 以下加密方式只在源、宿节点进行加密和解密的是（　　）。

A. 端到端　　B. 节点到节点
C. 链路加密　　D. 都不是

48. 在远程登录服务中使用 NVT 的主要目的是（　　）。

A. 屏蔽不同的终端系统对键盘定义的差异
B. 提升远程登录服务的传输速度
C. 保证远程登录服务系统的服务质量
D. 避免用户多次输入用户名和密码

49. ISO / OSI 是指（　　）。

A. 国际标准协议　　B. 计算机网络的开放系统互连基本参考模型
C. 开放系统互连协议　　D. 一种实际网络

50. 具有（　　）特点的网络系统是不安全的。

A. 保持所有的信息、数据及系统中各种程序的完整性和准确性
B. 保证各方面的工作符合法律、规则、许可证、合同等标准
C. 保持各种数据的保密
D. 保证访问者的一切访问和接受各种服务

51. 下列关于 OSI 参考模型的陈述，正确的是（　　）。

A. 每层之间相互直接通讯
B. 物理层直接传输数据

C. 数据总是由应用层传输到物理层

D. 数据总是由物理层传输到应用层

52. 在我国，以《计算机系统安全保护等级划分准则》（GB17859-1999）为指导，将信息和信息系统的安全分为 5 个等级，如果涉及国家安全、社会秩序、经济建设和公共利益的信息和信息系统，其受到破坏后，会对国家安全、社会秩序、经济建设和公共利益造成较大伤害，这属于（　　）。

A. 第二级指导保护级　　B. 第三级监督保护级

C. 第四级强制保护级　　D. 第五级专控保护级

53. 按密钥的使用个数，密码系统可以分为（　　）。

A. 置换密码系统和易位密码系统　　B. 分组密码系统和序列密码系统

C. 对称密码系统和非对称密码系统　　D. 密码学系统和密码分析学系统

54. 在利用电话线路拨号上网时，电话线路中传送的是（　　）。

A. 数字信号　　B. 模拟信号

C. 十进制信号　　D. 二进制信号

55. 一个程序获得了（　　）后，就说创建了一个进程。

A. 程序块、数据块　　B. 处理机、内存空间

C. 数据块、PCB　　D. PSW、PCB

56. 常用的对称加密算法包括

Ⅰ. DES　　Ⅱ. Elgamal　　Ⅲ. RSA　　Ⅳ. RC-5　　Ⅴ. IDEA

在这些加密算法中，属于对加密算法的为（　　）。

A. Ⅰ、Ⅲ和Ⅴ　　B. Ⅰ、Ⅳ和Ⅴ　　C. Ⅱ、Ⅳ和Ⅴ　　D. Ⅰ、Ⅱ、Ⅲ和Ⅳ

57. 宽带 ISDN 协议分为 3 面和 3 层。其中 3 个面为用户面、控制面和（　　）。

A. 物理面　　B. ATM 面

C. ATM 适配面　　D. 管理面

58. 网络故障管理的作用是（　　）。

A. 对网络中的问题和故障进行定位

B. 维护网络正常运行

C. 使系统的可靠性得到增强

D. 成为网络设备维修的依据

59. 下列关于奔腾处理器技术的叙述中，正确的是（　　）。

A. 超标量技术的特点是高主频、细化流水

B. 分支预测能动态预测程序分支的转移

C．超流水线技术的特点是内置多条流水线

D．哈佛结构是指把指令与数据混合存储

60．HFC 电缆调制解调器一般采用的调制方式为（　）。

A．调幅式　　B．调相式

C．幅载波调制式　　D．码分多址调制式

二、填空题

请将答案分别写在答题卡中序号为【1】至【20】的横线上，答在试卷上不得分。

1．操作系统是计算机系统的一种系统软件，它以尽量合理、有效的方式组织和管理计算机的【1】，并控制程序的运行，使整个计算机系统能高效运行。

2．应用生成树算法可以构造出一个生成树，创建一个逻辑上【2】的网络拓扑结构。

3．只有在【3】下，才能执行特权指令。

4．从计算机网络组成的角度来看，典型的计算机网络从逻辑功能上可以分为两部分：【4】与通信子网。

5．万兆以太网仍保留 IEEE 802.3 标准对以太网最小和最大【5】的规定。

6．采用电话连接方式将局域网连上 Internet 时，局域网的服务器与 Internet 的主机通过 Modem 和【6】连接起来。

7．IEEE 在 1980 年 2 月成立了 LAN 标准化委员会（简称为 IEEE 802 委员会），专门从事 LAN 的协议制定，形成了称为【7】的系统标准。

8．100BASE-T 网卡主要有：【8】、100BASE-FX、100BASE-TX 和 100BASE-T2。

9．典型的计算机网络从逻辑功能上可以分为两子网：资源子网和【9】。

10．“三网融合”是指电信传输网、广播电视网与【10】在技术与业务上的融合。

11．【11】和实时操作系统的特征包括及时响应。

12．利用 IIS 建立的 Web 站点的 4 级访问控制为【12】、用户验证、Web 验证权限和 NTFS 权限。

13．计算机网络协议的语法规定了用户数据与控制信息的结构和【13】。

14．在中分结构中，端头包含一个称为【14】的装置，将入径频率转换为出径频率。

15．从介质访问控制技术角度看，FDDI、FDDI-2（第二代 FDDI）和 FFOL（下一代 FDDI，FDDIFollow－OnLAN）都属于【15】局域网。

16．加密技术用于网络安全通常有两种形式：面向网络服务和【16】。

17．FDDI 的帧状态字段 FS 用于返回地址识别，数据差错及数据复制等状态，每种状态用一个 4 比特【17】来表示。

18．网络交换技术的演变过程是：电路交换→报文交换→分组交换→【18】。

19．网络安全的保护内容包括：保护信息和资源；保护客户机和用户；保护【19】。

20．计算机网络协议由三要素组成：语法、【20】和时序。

第 5 套

一、选择题

下列各题 A、B、C、D 四个选项中，只有一个选项是正确的，请将正确选项涂写在答题卡相应位置上，答在试卷上不得分。

1．完成路径选择功能是在 OSI 模型的（　　）。

A．物理层　　B．数据链路层

C．网络层　　D．运输层

2．下列关于公共管理信息服务 / 协议（CMIS / CMIP）的说法中，错误的是（　　）。

A．CMIP 安全性高，功能强大

B．CMIP 采用客户 / 服务器模式

C．CMIP 的这种管理监控方式称为委托监控

D．委托监控对代理的资源要求较高

3．下列设备中，不属于手持设备的是（　　）。

A．笔记本电脑　　B．掌上电脑

C．PDA　　D．第 3 代手机

4．Netware 的普通用户是由（　　）设定的。

A．网络管理员　　B．组管理员

C．网络操作员　　D．控制台操作员

5．2008 年北京奥运会有许多赞助商，其中有 12 家全球合作伙伴。以下 IT 厂商不是奥委会的全球合作伙伴的是（　　）。

A．微软　　B．三星

C．联想　　D．松下

6．网络全文搜索引擎一般包括 4 个基本组成部分：搜索器、检索器、用户接口和（　　）。

A．索引器　　B．后台数据库

C．爬虫（Crawlers）　　D．蜘蛛（Spiders）

7．在中断、截取、修改、捏造四种安全攻击方式中，属于被动攻击的是（　　）。

A．中断　　B．修改

C．截取　　D．捏造

8. 下面关于存储管理的叙述中，正确的是（　　）。

A. 存储保护的目的是限制内存的分配

B. 在内存为M，有N个用户的分时系统中，每个用户占有M / N的内存空间

C. 在虚存系统中，只要磁盘空间无限大，作业就能拥有任意大小的编址空间

D. 实现虚拟存储管理必须有相应硬件的支持

9. 点一点式网络与广播式网络在技术上有重要区别。点一点式网络需要采用路由选择与（　　）。

A. 分组存储转发　　B. 交换

C. 层次结构　　D. 地址分配

10. 在下述P2P网络中，不属于混合式结构的是（　　）。

A. Skype　　B. Maze

C. BitTorent　　D. PPlive

11. 页式存储管理对内存所有的物理页面从（　　）开始编号。

A. 0　　B. 1　　C. 2　　D. 3

12. 甲不但怀疑乙发给他的信在传输过程中被人篡改，而且怀疑乙的公钥也是被人冒充的，为了消除甲的疑虑，甲和乙决定找一个双方都信任的第三方来签发数字证书，这个第三方是（　　）。

A. 国际电信联盟电信标准分部（ITU-T）　　B. 国际标准化组织（ISO）

C. 认证中心（CA）　　D. 国家安全局（NSA）

13. 为了使有差错的物理线路变成无差错的数据链路，数据链路层采用了（　　）方法。

Ⅰ. 差错控制　　Ⅱ. 冲突检测　　Ⅲ. 数据加密　　Ⅳ. 流量控制

A. Ⅰ和Ⅳ　　B. Ⅰ、Ⅱ和Ⅲ

C. Ⅱ　　D. Ⅲ

14. ISO的网络管理标准是（　　）。

A. 故障管理、配置管理、网络性能管理、网络安全管理和网络计费管理

B. 故障管理、配置管理、网络性能管理、网络信息管理和网络计费管理

C. 故障管理、配置管理、网络信息管理、网络安全管理和网络计费管理

D. 故障管理、配置管理、网络状态管理、网络安全管理和网络计费管理

15. 下列关于CA安全认证体系的叙述中，错误的是（　　）。

A. CA安全认证中心发放的证书是经过数字签名的

B. CA安全认证中心以电子邮件的形式向用户发放证书

C. CA安全认证中心负责所有实体证书的签名和分发

D. CA安全认证系统是电子商务系统的一个子系统

16. 以下关于误码率的描述中，错误的是（　　）。
A．误码率是指二进制码元在数据传输系统中传错的概率
B．数据传输系统的误码率必须为 0
C．在数据传输速率确定后，误码率越低，传输系统设备越复杂
D．如果传输的不是二进制码元，要折合成二进制码元计算

17. 通过公用电话系统将 PC 与一远地计算机建立通信连接时，需要在 PC 与电话系统之间安装（　　）。
A．路由器　　B．调制解调器
C．桥接器　　D．同轴电缆

18. 服务器与浏览器需要在（　　）位或 128 位两者之中协商密钥的位数。
A．10　　B．20　　C．30　　D．40

19. Ethernet 交换机实质上是一个多端口的（　　）。
A．中继器　　B．集线器
C．网桥　　D．路由器

20. IP 地址的长度为（　　）个字节。
A．4　　B．8　　C．16　　D．32

21. 目前最成功和覆盖面最大、信息资源最丰富的全球性电脑信息网络当属 Internet，它被认为是未来（　　）的雏型。
A．广域网　　B．信息高速公路
C．全球网　　D．信息网

22. 以下（　　）需要运行 IP 协议。
A．集线器　　B．网桥
C．交换机　　D．路由器

23. 应用层 DNS 协议主要用于实现（　　）网络服务功能。
A．网络设备名字到 IP 地址的映射
B．网络硬件地址到 IP 地址的映射
C．进程地址到 IP 地址的映射
D．用户名到进程地址的映射

24. 在计算机通过线路控制器与远程终端直接相连的系统中，计算机既要进行数据处理，又要承担各终端间的通信，而且分散的终端都要单独占用一条通信线路，为提高效率在系统的主计算机前增设的设备是（　　）。
A．调制解调器　　B．线路控制器

C．多重线路控制器　　　　D．通信控制器

25. 在虚拟页式存储管理中，由于所需页面不在内存，则发生缺页中断，缺页中断属于（　　）。
A．硬件中断　　　　B．时钟中断
C．程序性中断　　　　D．I / O 中断

26. 针对不同的传输介质，Ethernet 网卡提供了相应的接口，其中适用于非屏蔽双绞线的网卡应提供（　　）。
A．AUI 接口　　　　B．BNC 接口
C．RS-232 接口　　　　D．RJ-45 接口

27. 一种只能用于物理层起到放大或再生微弱信号的作用，可以用来增加传输介质长度的设备是（　　）。
A．中继器　　　　B．网桥
C．网间连接器　　　　D．路由器

28. 我们领取汇款时需要加盖取款人的图章，在身份认证中，图章属于（　　）。
A．个人持证　　　　C．个人特征
B．个人识别码　　　　D．数字证书

29. 以下表述中，错误的是（　　）。
A．网络操作系统软件分为运行在服务器上的和运行在工作站上的
B．网络服务器是局域网的逻辑中心
C．对等结构网络操作系统所连接的网络中的每个节点既是工作站又是服务器
D．共享硬盘服务器的优点是系统效率较高

30. 一台计算机、内存容量为 512 KB，硬盘容量为 20 MB，硬盘容量是内存容量的（　　）。
A．20 倍　　B．40 倍　　C．60 倍　　D．80 倍

31. 交换机的帧转发方式中，交换延时最短的是（　　）。
A．直接交换方式　　　　B．存储转发交换方式
C．改进直接交换方式　　　　D．以上都不是

32. 如果用户希望在网上聊天，可以使用 Internet 提供的（　　）服务形式。
A．新闻组服务　　　　B．电子公告牌服务
C．电子邮件服务　　　　D．文件传输服务

33. 下列有关令牌总线网的说法中，正确的是（　　）。
A．采用冲突检测媒体访问控制方法
B．令牌总线网在物理上是总线网，而在逻辑上是环型网

C．网络延时不确定

D．利于实现点对点通信

34．下列叙述不正确的是（　　）。

A．公钥加密算法可用于保证数据机密性

B．公钥加密算法可使发送者不可否认

C．常规加密已经过时了

D．公钥加密体制有两种基本的模型

35．数字信封技术使用的两层加密体制中，内层的作用是（　　）。

A．保证所发送消息的真实性

B．利用私有密钥加密技术使得每次传送的信息都可以生成新的私有密钥

C．利用公用密钥加密技术加密私有密钥，保证私有密钥的安全性

D．以上都不对

36．标准的 B 类 IP 地址使用（　　）位二进制数表示主机号。

A．8　　B．16

C．24　　D．32

37．可视电话属于（　　）。

A．会话性　　B．消息性

C．不由用户个体参与控制的发布性　　D．可由用户个体参与控制的发布性

38．文件系统的主要目的是（　　）。

A．实现虚拟存储管理　　B．用于存储系统文档

C．实现对文件的按名存取　　D．实现目录检索

39．193.18.0.6 属于（　　）IP 地址。

A．A 类　　B．B 类　　C．C 类　　D．D 类

40：与传统的网络操作系统相比，Linux 操作系统有许多特点，下面关于 Linux 主要特性的描述中，错误的是（　　）。

A．Linux 操作系统具有虚拟内存的能力，可以利用硬盘来扩展内存

B．Linux 操作系统具有先进的网络能力，可以通过 TCP/IP 协议与其他计算机连接

C．Linux 操作系统与 UNIX 标准有所不同，将 Linux 程序移植到 UNIX 主机上不能运行

D．Linux 操作系统是免费软件，可以通过匿名 FTP 服务从网上获得

41．某种互连设备并不关心目的地节点地址，它只关心网络地址，并且只有在网络地址已知的情况下才发送信息，这种互连设备是（　　）。

A．网桥　　B．路由器　　C．中继器　　D．网关

42. 因特网用户利用电话网接入 ISP 时需要使用调制解调器，其主要作用是（　　）。

A. 进行数字信号与模拟信号之间的变换

B. 同时传输数字信号和语音信号

C. 放大数字信号，中继模拟信号

D. 放大模拟信号，中继数字信号

43. 物理层协议的时序即是物理层接口的（　　）。

A. 机械特性　　B. 规程特性　　C. 电气特性　　D. 功能特性

44. 计算机网络是（　　）紧密结合的产物。

A. 计算机技术和通信技术　　B. 计算机技术和数学

C. 信息技术　　D. 物理技术

45. 利用电话线路接入 Internet，客户端必须具有（　　）。

A. 路由器　　B. 调制解调器

C. 声卡　　D. 鼠标

46. 邮件炸弹攻击属于（　　）攻击。

A. 被动攻击　　B. 服务攻击

C. 主动攻击　　D. 非服务攻击

47. 甲收到一份来自乙的电子订单后，将订单中的货物送达乙时，乙否认自己曾经发送过这份订单。为了解除这种纷争，计算机网络采用的技术是（　　）。

A. 数字签名　　B. 消息认证码

C. 加密技术　　D. 身份认证

48. 在以下各项对 TCP / IP 协议的描述中，（　　）有错误。

A. TCP / IP 协议分物理、网络接口、网络互连、传输和应用五个层次，每层都有各自的专用协议

B. 接入因特网可以采用的通信线路种类很多，绝大多数用户主要是通过公共通信网接入到因特网

C. 仅从因特网的接入来说，重要的网络连接设备有三种：路由器、访问服务器和调制解调器

D. IP 协议是 TCP / IP 协议簇的核心，传输层上的数据信息和主机一网络层上的控制信息都以 IP 数据报的形式传输，IP 实现的是不可靠无连接的数据报服务

49. 利用凯撒加密算法对字符串“attack”进行加密，如果密钥为 3，那么生成的密文为（　　）。

A. DWWDFN　　B. EXXEGO　　C. CVVCEM　　D. DXXDEM

50. 在 10 BASE-FP 标准中，网卡与无源集线器之间用光纤连接起来，最大距离为（　　）。

A. 100 m　　B. 200 m　　C. 500 m　　D. 2 000 m

51. 中继器用于网络互连，其优势是（　　）。
A. 扩大网络传输距离
B. 避免网络结构复杂化
C. 屏蔽网络的物理结构
D. 使网络易于使用

52. 从网络高层协议角度，网络攻击可以分为（　　）。
A. 主动攻击与被动攻击
B. 服务攻击与非服务攻击
C. 病毒攻击与主机攻击
D. 浸入攻击与植入攻击

53. 以下说法不正确的是（　　）。
A. 一般的分布式系统是建立在计算机网络之上的，因此分布式系统与计算机网络在物理结构上基本相同
B. 分布式操作系统与网络操作系统的设计思想是不同的，但是它们的结构、工作方式与功能是相同的
C. 分布式系统与计算机网络的主要区别不在它们的物理结构上，而是在高层软件上
D. 分布式系统是一个建立在网络之上的软件系统，这种软件保证了系统高度的一致性与透明性

54. 若网络形状是由一个信道作为传输媒体，所有节点都直接连接到这一公共传输媒体上，则称这种拓扑结构为（　　）。
A. 环型拓扑
B. 树型拓扑
C. 星型拓扑
D. 总线型拓扑

55. 下面关于网络信息安全的一些叙述中，不正确的是（　　）。
A. 网络环境下的信息系统比单机系统复杂，信息安全问题比单机更加难以得到保障
B. 电子邮件是个人之间的通信手段，有私密性，不使用软盘，一般不会传染计算机病毒
C. 防火墙是保障单位内部网络不受外部攻击的有效措施之一
D. 网络安全的核心是操作系统的安全性，它涉及信息在存储和处理状态下的保护问题

56. 以下关于光纤特性的描述中，不正确的是（　　）。
A. 光纤是一种柔软、能传导光波的介质
B. 光纤通过内部的全反射来传输一束经过编码的光信号
C. 多条光纤组成一束，就构成一条光缆
D. 多模光纤的性能优于单模光纤

57. 常用的局部总线是（　　）。
A. EISA
B. VESA
C. PCI
D. MCA

58. 要把一个以太网连接帧中继网，需要的网络互联设备是（　　）。

A. 中继器　　B. 网桥　　C. 路由器　　D. 网关

59. 下列关于 ATM 技术的表述中，错误的是（　　）。

A. ATM 兼具电路交换和帧中继的优点

B. 目前最有前途的交换网络是 ATM 网

C. ATM 是 B-ISDN 的核心技术

D. ATM 的信元发送是同步串行通信方式

60. 在 IEEE 802.3 标准提供的 MAC 子层和物理层之间的接口功能中，下面说法正确的是（　　）。

A. 发送和接受帧，载波监听，解决争用

B. 载波监听，启动传输，定时等待

C. 成帧、发送和接收帧、解决争用

D. 载波监听、流量控制、启动传输

二、填空题

请将答案分别写在答题卡中序号为【1】至【20】的横线上，答在试卷上不得分。

1. 衡量计算机性能的主要技术指标包括：计算机字长、存储容量、【1】、硬件系统配置、软件系统配置。

2. 随着 AIX 5L 的发布，IBM 公司在系统分区领域实现重大的创新。AIX 用【2】实现了逻辑分区、动态逻辑分区和微分区，将系统的灵活性和使用率提高到新的水平。

3. 在广播式网络中，发送的分组必须带有【3】这个分组才能被正确的端口所接收。

4. 域名解析有两种方式，一种称为【4】，另一种称为反复解析。

5. 计算机辅助工程的英文缩写是【5】。

6. 安全攻击中，主动攻击试图【6】或影响系统运作。

7. 以太网交换机的帧转发主要有 3 种方式，它们是直通交换、改进的直通交换和【7】交换。

8.【8】的功能是通过一种超时机制来检测令牌丢失的情况，从而实现令牌环的故障处理。

9. 经典奔腾处理器的每条整数流水线都分为四级流水，即指令预取、译码、执行和【9】。

10. 保证电子邮件安全性的手段是使用【10】。

11. 如果一台主机的 IP 为 192.168.0.12，那么它所在的局域网的直接广播地址为【11】。

12. 当数据帧的传输时延等于信号在环路上的传播时延时，该数据帧的比特数就是以【12】度量的环路长度。

13. 目前，即时通信系统通用的协议主要有 SIMPLE 协议簇和【13】两个代表。

14. 页面到页面的连接信息由【14】维持。

15. 为了保障网络安全，防止外部网对内部网的侵犯，一般需要在内部网和外部公共网之间设置【15】。

16. FTP 协议支持的两种文件传输方式是【16】和二进制文件传输。

17. TCP / IP 网络中，无盘工作站是通过向【17】服务器发出查询请求获得本机 IP 地址的。

18. IPsec 可以用于 IPv6，【18】用于 IPv4。

19. 差分曼彻斯特编码中，每个比特的中间跳变的作用是【19】。

20. IPTV 包括视频点播、直播电视和【20】3 个基本义务。

第6套

一、选择题

下列各题A、B、C、D四个选项中，只有一个选项是正确的，请将正确选项涂写在答题卡相应位置上，答在试卷上不得分。

1．两个速率不一致的调制解调器对接时（　　）。
   A．以速率高的为准
   B．速率高的自动降为速率低的
   C．连接速率为两个不同速率调制解调器的平均值
   D．连接出错

2．以下说法正确的是（　　）。
   A．硬件与软件在功能上具有等价性
   B．计算机硬件中板卡是硬件组成的最重要基础
   C．硬件具有比特性
   D．硬件实现功能的成本较低

3．UNIX系统能获得巨大的成功，这和它优越的特性分不开。下面关于UNIX的描述中，错误的是（　　）。
   A．UNIX系统是一个多用户、多任务的操作系统
   B．UNIX系统的大部分是用C语言编写的，易读、易修改、易移植
   C．UNIX系统提供了功能强大的可编程Shell语言，即外壳语言，作为用户界面
   D．UNIX系统采用的是星状文件系统，具有良好的安全性、保密性和可维护性

4．物理层的特性中不包括（　　）。
   A．机械特性　　B．电气特性　　C．功能特性　　D．连接特性

5．著名的国产办公软件是（　　）。
   A．MS Office　　B．WPS Office
   C．Lotus 2000　　D．Corel 2000

6．（　　）不是程序顺序执行的特点。
   A．可移植性　　B．顺序性　　C．可再观性　　D．封闭性

7．某以太网已接入因特网。如果一个用户希望将自己的主机接入该以太网，用于访问因特网

上的 Web 站点，那么，用户在这台主机上不必安装和配置（　　）。

A. 调制解调器和其驱动程序

B. 以太网卡及其驱动程序

C. TCP / IP 协议

D. WWW 浏览器

8. 以下网络连接设备中，（　　）功能最强大。

A. 集线器　　B. 网桥　　C. 路由器　　D. 交换机

9. TCP 建立的连接称为虚拟连接，下层互联网系统对该连接（　　）。

A. 提供硬件支持　　B. 提供软件支持

C. 提供硬件和软件支持　　D. 不提供硬件和软件支持

10. 下面关于 FTP 的叙述中，错误的是（　　）。

A. FTP 采用了客户 / 服务器模式

B. 客户机和服务器之间利用 TCP 连接

C. 目前大多数提供公共资料的 FTP 服务器都提供匿名 FTP 服务

D. 目前大多数 FTP 匿名服务允许用户上载和下载文件

11. 在 OSI 七层协议中，提供一种建立连接并有序传输数据的方法的层是（　　）。

A. 传输层　　B. 表示层　　C. 会话层　　D. 应用层

12. 传统网络对于多媒体的支持是不足够的，为了适应多媒体的需要，改进传统网络的方法主要是（　　）。

Ⅰ. 增大带宽　　Ⅱ. 改进协议

Ⅲ. 改进数据压缩技术

A. Ⅰ、Ⅱ　　B. Ⅱ、Ⅲ　　C. Ⅲ　　D. 都是

13. 一个路由器的路由表通常包含（　　）。

A. 目的网络和到达该目的网络的完整路径

B. 所有的目的主机和到达该目的主机的完整路径

C. 目的网络和到达该目的网络路径上的下一个路由器的 IP 地址

D. 互联网中所有路由器的 IP 地址

14. 用户在浏览器中安装自己的数字证书，其主要目的是（　　）。

A. 保护自己的计算机　　B. 验证站点的真实性

C. 避免他人假冒自己　　D. 标明浏览器软件的合法性

15. 假设一部 DVD 电影，每帧画面 5 000 bit，每秒钟要播放 20 帧，请问最少要多大带宽的网络才能流畅播放（即保证不失帧）。（　　）

A．1 Mbps

B．0.1 Mbps

C．10 Mbps

D．56 Kbps

16．下面关于 ATM 技术的说法中，错误的是（　　）。

A．ATM 技术是一种分组交换技术

B．ATM 技术适合高带宽和低时延的应用

C．ATM 协议本身提供差错恢复

D．ATM 信元由 53 个字节组成

17．Internet 在中国被称为（　　）。

A．网中网

B．国际互联网络

C．国际联网

D．计算机网络系统

18．提供博客服务的网站为博客的使用者开辟了一个（　　）。

A．独占空间

B．共享空间

C．传输信道

D．传输路径

19．高层的互联设备是（　　）。

A．中继器　　B．网桥　　C．路由器　　D．网关

20．在计算机和远程终端相连时必须有一个接口设备，其作用是进行串行和并行传输的转换，以及进行简单的传输差错控制，该设备是（　　）。

A．调制解调器

B．线路控制器

C．多重线路控制器

D．通信控制器

21．目前，各种城域网建设方案中交换节点普遍采用基于 IP 交换的（　　）。

A．X.25 技术

B．帧中继技术

C．ATM 交换机

D．ISDN 技术

22．误码率描述了数据传输系统正常工作状态下传输的（　　）。

A．安全性　　B．效率　　C．可靠性　　D．延迟

23．下列关于进程控制块 PCB 的叙述中，（　　）是正确的。

Ⅰ．系统利用 PCB 描述进程的基本静态特性

Ⅱ．系统利用 PCB 描述进程的运动变化过程

Ⅲ．一个进程唯一对应一个 PCB

A．Ⅰ 和 Ⅱ

B．Ⅱ 和 Ⅲ

C．Ⅰ 和 Ⅲ

D．全都正确

24．在 CSMA / CD 媒体控制方法中，下列对于二进制退避算法的规则说法中，错误的是

（　　）。

A．对每个数据帧，第一次发生冲突时，设置一个参量 L＝2

B．退避间隔的一个时间片等于两站点之间的最大传播时延的两倍

C．若数据帧再次发生冲突，则将参量 L 增大为 L＋1

D．设置最大重传次数，若超过该次数，则报告出错，并不再重发

25．对于 Gigabit Ethernet，1000 BASE-LX 标准使用的单模光纤最大长度为（　　）。

A．300 米　　B．550 米　　C．3 000 米　　D．5 000 米

26．当同一网段中两台工作站配置了相同的 IP 地址时，会导致（　　）。

A．先入者被后入者挤出网络而不能使用

B．双方都会得到警告，但先入者继续工作，而后入者不能

C．双方可以同时正常工作，都得到网址冲突的警告

D．双方都可以同时工作，进行数据传输

27．下面关于 SDH 技术的说法中，错误的是（　　）。

A．SDH 的主文名称是同步数字体系

B．SDH 信号最基本的模块信号是 STM-1

C．SDH 的帧结构是线状帧

D．分插复用器 ADM 是 SDH 的一个网络单元

28．下列关于局域网交换机的表述中，错误的是（　　）。

A．直接交换方式不支持输入输出速率不同的端口间的帧转发

B．存储转发方式在转发前要进行差错检测

C．端口号 / MAC 地址映射表是通过“地址学习”来获得的

D．改进的直接交换方式在收到帧的前 16 个字节后判断帧头是否正确

29．下面的几种结构中，网中的任何一个节点都至少和其他两个节点相连的是（　　）。

A．集中式结构　　B．分散式结构

C．分布式结构　　D．全互联结构

30．批处理操作系统是按（　　）对操作系统进行的分类。

A．对进程的不同处理方式　　B．用户数目的不同

C．处理机数目的不同　　D．拓扑结构

31．（　）不是网络操作系统提供的服务。

A．文件服务　　B．打印服务

C．通信服务　　D．办公自动化服务

32．千兆以太网的标准是（　　）。

A. IEEE 802.3z　　B. IEEE 802.3az
C. IEEE 802.3ae　　D. IEEE 802.3ab

33. 网络的安全管理是指（　　）。
A. 防止窃贼盗走或破坏计算机
B. 制定一系列的安全措施来限制上网计算机用户
C. 对网络资源以及重要信息的访问进行约束和控制
D. 检查上网用户的口令

34. 在广域网上提高通信速度最根本、最彻底的方面是（　　）。
A. 改造现有的通信设备和通信线路
B. 提高中间节点对信号的转发效率
C. 提高数据的传输效率
D. 充分利用现有通信设备

35. 下列 IP 地址类别和网络地址长度的匹配中，正确的是（　　）。
Ⅰ. A—7　　Ⅱ. B—15　　Ⅲ. C—22
A. 仅 Ⅰ　　B. Ⅰ、Ⅱ　　C. Ⅰ、Ⅲ　　D. 全对

36. （　　）的安全作用是防火墙技术所没有的。
A. 安全警报　　B. 重新部署网络地址转换
C. 集中的网络安全　　D. 阻止来自防火墙以外的其他途径进行的攻击

37. Netware 的第一级容错机制是为了防止（　　）。
A. 硬盘表面磁介质可能出现的故障
B. 硬盘或硬盘通道可能出现的故障
C. 在写数据库记录时因系统故障而造成数据丢失
D. 网络供电系统电压波动或突然中断而影响文件服务器的工作

38. 在因特网中，关于地址的下列表述中，错误的是（　　）。
A. 一台主机只能对应一个 IP 地址
B. 一台主机可以拥有多个 IP 地址
C. 一个网卡只能有一个 MAC 地址
D. 接入网络的每块网卡都要对应一个 IP 地址

39. 在网络环境下，每个用户除了可以访问本地机器上本地存储之外，还可以访问磁盘服务器上的一些外存，通过磁盘服务器可以（　　）。
A. 提高贵重磁盘的利用率，并充分发挥主机集中控制与客户机本地存储特点
B. 能使网上所有网络用户，共享磁盘服务器中只读数据
C. 配置不带本地磁盘的用户机器的网络价格便宜，即无盘工作站

D．以上都正确

40．当查出数据有差错时，设法通知发送端重发，直到收到正确的数据为止，这种差错控制方法称为（　　）。

A．向前纠错　　B．冗余检验

C．混和差错控制　　D．自动重发请求

41．用 IIS 建立 Web 站点，内容位于 NTFS 分区时，（　　）方法限制用户访问 Web 站点提供的资源。

Ⅰ．IP 地址限制　　Ⅱ．Web 权限

Ⅲ．用户验证　　Ⅳ．NTFS 权限

Ⅴ．浏览器限制

A．Ⅰ、Ⅱ、Ⅲ　　B．Ⅰ、Ⅱ、Ⅲ、Ⅳ

C．Ⅰ、Ⅱ、Ⅲ、Ⅴ　　D．全部

42．数据加密标准属于（　　）加密算法。

A．对称　　B．不对称　　C．可逆　　D 不可逆

43．现有 IP 地址：120.113.41.55，那么它一定属于（　　）类地址。

A．A　　B．B　　C．C　　D．D

44．网上的两台计算机要实现文件的来回传送，它们必须支持（　　）协议。

A．Telnet　　B．SMTP

C．POP3　　D．FTP

45．下面攻击方法中，不属于主动攻击的是（　　）。

A．拒绝服务攻击　　B．重放攻击

C．通信量分析攻击　　D．伪装攻击

46．不属于 SNMP 操作的是（　　）。

A．Get　　B．Get-text　　C．Set　　D．Trap

47．在使用 IIS 建立的 Web 站点中，可以使用不同的控制级别对其用户访问进行控制。Web 站点最先检查的是（　　）。

A．用户是否允许　　B．IP 地址是否允许

C．Web 服务器权限是否允许　　D．NTFS 权限是否允许

48．对网络的威胁包括：

Ⅰ．假冒　　Ⅱ．特洛伊木马

Ⅲ．旁路控制　　Ⅳ．陷门　　Ⅴ．授权侵犯

在这些威胁中，属于植入威胁的为（　　）。

A. Ⅰ、Ⅲ和Ⅴ　　B. Ⅲ和Ⅳ　　C. Ⅱ和Ⅳ　　D. Ⅰ、Ⅱ、Ⅲ和Ⅳ

49. 在段式存储管理系统中，如果希望存取存储在某一虚拟地址中的数据，且虚地址的段号大于段表长度，则将导致的结果是（　　）。

A. 检查高速缓存　　B. 检查段表

C. 产生段内地址越界中断　　D. 产生缺段错误中断

50. 收到数据报时，如果本节点是主机节点，则需要（　　）。

A. 进行数据报分组　　B. 进行数据报重装

C. 对数据报进行取舍　　D. 进行路由选择处理

51. "数字摘要"（也称为"数字指纹"）是指（　　）。

A. 一种基于特定算法的文件，其内容和长度以及文件有关

B. 一种和特定文件相关的数据，由指定文件可以生成这些数据

C. 一种由特定文件得出的不可能由其他文件得出的数据

D. 一种由特定文件得出的或者是文件略做调整后可以得出的数据

52. 因特网为人们提供了一个庞大的网络资源。下列关于因特网的功能，不正确的是（　　）。

A. 电子邮件　　B. WWW 浏览

C. 程序编译　　D. 文件传输

53. SDH 最基本的模块信号是 STM-1，它的速率是 155 Mbps，STM-16 的速率是（　　）。

A. 100 Mbps　　B. 2.5 Gbps

C. 622 Mbps　　D. 155 Mbps

54. 以下不属于防止口令猜测的措施是（　　）。

A. 严格限定从一个给定的终端进行非法认证的次数

B. 确保口令不在终端上再现

C. 防止用户使用太短的口令

D. 使用机器产生的口令

55. FTP 工作时使用（　　）条 TCP 连接来完成文件传输。

A. 1　　B. 2　　C. 3　　D. 4

56. 关于网络操作系统基本功能的描述中，正确的是（　　）。

A. 文件服务器以集中方式管理共享文件，不限制用户权限

B. 打印服务通常采用排队策略安排打印任务，用户先到先服务

C. 通信服务提供用户与服务器的联系，而不保证用户间的通信

D. 客户端与服务器端软件没有区别，可以互换

57. 在安全攻击中，修改是指未授权的实体不仅得到了资源的访问权，而且还篡改了资源，这是对信息安全中（　　）的攻击。
A．机密性　　B．可用性
C．完整性　　D．可控性

58. 下列表示基于 ISDN 的数字用户线的 xDSL 是（　　）。
A．ISDL　　B．ADSL　　C．HDSL　　D．VDSL

59. A / D 转换器是用来进行（　　）的。
A．采样　　B．量化　　C．编码　　D．绘制

60. 下列说法错误的是（　　）。
A．服务攻击是针对某种特定网络的攻击
B．非服务攻击是针对网络层底层协议而进行的
C．主要的渗入威胁有特洛伊木马和陷门
D．潜在的网络威胁主要包括窃听、通信量分析、人员疏忽和媒体清理等

二、填空题

请将答案分别写在答题卡中序号为【1】至【20】的横线上，答在试卷上不得分。

1. 数据链路层的基础是物理层提供的比特流传输服务。数据链路层的功能是在通信实体之间建立【1】连接，传送以帧为单位的数据。

2. 奔腾 4-M 给便携式笔记本带来活力，这里 M 的含义是【2】。

3. CPU 是否允许某类中断，由当前程序状态中的【3】决定。

4. 我们知道经典奔腾的处理速度可达到 300 MIPS，它的含义是【4】。

5. 采用 ATM 交换技术，具有同样信息头的信元在传输线上并不对应某个固定的时间间隙，也不是按周期出现的。因此，其信道复用方式为【5】。

6. 与共享介质局域网不同，交换式局域网可以通过交换机端口之间的并发连接增加局域网的【6】。

7. 网络操作系统通常有四类组件：驱动程序、内核、【7】和外围组件。

8. IEEE 802.11b 定义了使用跳频扩频技术的无线局域网标准，它的最高传输速率可以达到 11 Mbps。802.11a 将传输速率提高到【8】Mbps。

9. Ethernet 的介质访问控制方法 CSMA / CD 属于【9】方法。

10. 下一代互联网的互联层使用的协议为 IPv 【10】。

11. 按照交换方式来分类，计算机网络可以分为线路交换网，【11】和广播交换网三种。

12. 设备 I / O 方式有如下三种：询问、中断和【12】。

13. UDP 可以为其用户提供不可靠的、面向【13】的传输服务。

14. IP 地址是网上的通信地址，是计算机、服务器、路由器的端口地址。每一个 IP 地址在全球是唯一的。这个 IP 地址实际上由网络地址和【14】两部分组成。

15. 利用显示器屏幕的实际显示尺寸除以【15】直径，就可以得出显示器每行或每列实际能够显示的点数。

16. IEEE 802.11 的 MAC 层采用的是【16】的冲突避免方法。

17. 在网络管理模型中，管理者和代理之间的信息交换可以分为两种：一种是从管理者到代理的管理操作；另一种是从代理到管理者的【17】。

18. 网络反病毒技术包括预防病毒、检测病毒和【18】三种技术。

19. ATM 信源的有效数据载荷在网络的传输过程中不做任何处理，无论计算机所处理任何业务，有关数据都被切割成为【19】信源。

20. ADSL 技术通常使用【20】对线进行信息传输。

第7套

一、选择题

下列各题A、B、C、D四个选项中，只有一个选项是正确的，请将正确选项涂写在答题卡相应位置上，答在试卷上不得分。

1．英文缩写CAT的含义是（　　）。

A．计算机辅助设计　　B．计算机辅助制造

C．计算机辅助教学　　D．计算机辅助测试

2．目前实际存在和使用的广域网基本都是采用（　　）结构。

A．环型拓扑　　B．星型拓扑

C．网状拓扑　　D．树型拓扑

3．Ethernet的核心技术是它的随机争用型介质访问控制方法，即（　　）。

A．CSMA / CD　　B．Token Ring　　C．Token Bus　　D．XML

4．在DES加密算法中用不到的运算是（　　）。

A．逻辑与　　B．异或

C．置换　　D．移位

5．TCP / IP协议的四层模型：（　　）。

A．应用层、传输层、网络层、物理层

B．应用层、会话层、网络层、主机－网络层

C．应用层、传输层、物理层、网络链路层

D．应用层、传输层、互联层、主机－网络层

6．下面（　　）不是外围设备和内存之间的常用数据传送控制方式。

A．虚拟方式　　B．中断控制方式

C．DMA方式　　D．通道方式

7．以下关于计算机网络的讨论中，正确的是（　　）。

A．组建计算机网络的目的是实现局域网的互联

B．连入网络的所有计算机都必须使用同样的操作系统

C．网络必须采用一个具有全局资源调度能力的分布式操作系统

D．互联的计算机是分布在不同地理位置的多台独立的自治计算机系统

8. 公开密钥加密体制是（　　）。

A. 对称加密算法　　B. 非对称加密算法

C. 不可逆加密算法　　D. 都不是

9. 用户每次打开 Word 程序编辑文档时，计算机都会把文档传送到另一台 FTP 服务器上，于是用户怀疑最大的可能性是 Word 程序中已被植入了（　　）。

A. 蠕虫病毒　　B. 特洛伊木马

C. FTP 匿名服务器　　D. 陷门

10. Napster 是（　　）P2P 网络的典型代表。

A. 集中式　　B. 分布式非结构化

C. 分布式结构化　　D. 混合式

11. （　　）不是网络协议的组成部分。

A. 语法　　B. 语义　　C. 时序　　D. 传输速率

12. 下列叙述不正确的是（　　）。

A. HTML 语言具有通用性　　B. HTML 语言具有与平台无关性

C. 主页是一种特殊的 Web 页面　　D. 所有主页都是 WWW 服务器的默认页

13. 在虚拟局域网实现技术中，（　　）虚拟局域网的建立是动态的。

A. 交换机端口号　　B. MAC 地址

C. 网络层地址　　D. IP 广播组

14. 在因特网中，地址解析协议 ARP 是用来解析（　　）。

A. IP 地址与 MAC 地址的对应关系

B. MAC 地址与端口号的对应关系

C. IP 地址与端口号的对应关系

D. 端口号与主机名的对应关系

15. 10 Mb/s 的以太式集线器连接了 10 个工作站，则每台工作站的平均带宽为（　　）。

A. 1 Mb/s　　B. 10 Mb/s

C. 100 Mb/s　　D. 不固定

16. 因特网用户的电子邮件地址格式必须是（　　）。

A. 用户名@单位网络名　　B. 单位网络名@

C. 邮件服务器域名@用户名　　D. 用户名@邮件服务器域名

17. IEEE 802.3 定义了（　　）。

A. CSMA / CD 总线介质访问控制子层与物理层规范

B. 令牌总线介质访问控制子层与物理层规范
C. 令牌环介质访问控制子层与物理层规范
D. 城域网 MAN 介质访问控制子层与物理层规范

18. 一个模拟信号在时间上是连续的，而数字信号要求时间上是离散的，所以一个模拟数据要转换成数字数据需要进行（　　）。
A. 采样　　B. 量化　　C. 编码　　D. 绘制

19. 文件系统中，如果文件的物理结构采用顺序结构，则文件控制块 FCB 中关于文件的物理位置应包括（　　）。
Ⅰ. 首块地址　　Ⅱ. 文件长度　　Ⅲ. 索引表地址
A. 只能有Ⅰ　　B. Ⅰ和 Ⅱ
C. Ⅰ和 Ⅲ　　D. Ⅱ和 Ⅲ

20. 以下不是传统的 Internet 应用的是（　　）。
A. E-mail　　B. Telnet　　C. FTP　　D. WAP

21. 香农定理从定量的角度描述了“带宽”与“速率”的关系。在香农定理的公式中，与信道的最大传输速率相关的参数主要有信噪比与（　　）。
A. 频率特性　　B. 信道带宽　　C. 相位特性　　D. 噪声功率

22. 在计算机安全中，保密是指（　　）。
A. 防止未经授权的数据暴露并确保数据源的可靠性
B. 防止未经授权的数据修改
C. 防止延迟服务
D. 防止拒绝服务

23. P 操作、V 操作都属于（　　）。
A. 机器指令　　B. 作业控制命令
C. 系统调用命令　　D. 低级通信原语

24. 一台主机的 IP 地址为 192.2.1.100，子网屏蔽码为 255.255.0.0。现在用户需要配置该主机的默认路由。经过观察发现，与该主机直接相连的路由器具有如下 4 个 IP 地址和子网屏蔽码：
Ⅰ. IP 地址：192.1.1.1，子网屏蔽码：255.0.0.0
Ⅱ. IP 地址：192.2.2.1，子网屏蔽码：255.0.0.0
Ⅲ. IP 地址：172.1.1.1，子网屏蔽码：255.0.0.0
Ⅳ. IP 地址：172.1.2.1，子网屏蔽码：255.0.0.0
（　　）IP 地址和子网屏蔽码可能是该主机的默认路由。
A. Ⅰ　　B. Ⅱ　　C. Ⅰ和Ⅱ　　D. 都不是

25. Skype 是由著名的 Kazaa 软件的创始人 Niklas 推出的一款 Internet 即时语音通信软件，它融合的两大技术是 VoIP 和（　　）。

A. C/S　　B. IPTV

C. B/S　　D. P2P

26. 下列关于 TCP / IP 与 OSI 模型关系的叙述，正确的是（　　）。

A. TCP / IP 应用层汇集了 OSI 模型中的会话层、表示层和应用层

B. TCP / IP 网络接口层对应 OSI 模型中的数据链路层

C. TCP / IP 网络接口层对应 OSI 模型中的物理层

D. TCP / IP 的传输层包含 OSI 模型中的传输层和数据链路层

27. 局域网交换机的某一端口工作于半双工方式时带宽为 100 Mbps，那么它工作于全双工方式时带宽为（　　）。

A. 50 Mbps　　B. 100 Mbps　　C. 200 Mbps　　D. 400 Mbps

28. 下述说法中，错误的是（　　）。

A. 计算机用于飞行控制，必须是实时系统

B. 计算机用于石化生产控制，不必是实时系统

C. 计算机用于预订机票也要实时系统

D. 计算机用于情报检索更要实时系统

29. 虚拟设备是指采用某种 I / O 技术，将某个（　　）设备改进为多个用户可共享的设备。

A. 相对　　B. 逻辑　　C. 物理　　D. 独占

30. Windows NT 是人们非常熟悉的网络操作系统，其吸引力主要来自（　　）。

Ⅰ. 适合做因特网标准服务平台　　Ⅱ. 开放源代码

Ⅲ. 低价格　　Ⅳ. 安装配置简单

A. Ⅰ和Ⅲ　　B. Ⅰ和Ⅱ

C. Ⅱ和Ⅲ　　D. 全部

31. 实现从主机名到 IP 地址映射服务的协议是（　　）。

A. ARP　　B. DNS

C. RIP　　D. SMTP

32. 在采用公钥加密技术的网络中，鲍伯给爱丽丝写了一封情书，为了不让别人知道情书的内容，鲍伯利用（　　）对情书进行加密后传送给爱丽丝。

A. 鲍伯的私钥　　C. 爱丽丝的私钥

B. 鲍伯的公钥　　D. 爱丽丝的公钥

33. 下列关于“进程”的叙述中，不正确的是（　　）。

A．一旦创建了一个过程，它将永远存在

B．进程是一个能独立运行的单位

C．进程是程序的一次执行过程

D．进程是资源分配的基本单位

34．IP 数据报具有“生存周期”域，当该域的值为（　　）时数据报将被丢弃。

A．255　　B．16　　C．1　　D．0

35．在 SIP 消息中，（　　）包含状态行、消息头、空行和消息体 4 个部分。

A．SIP 所有消息　　B．一般消息

C．响应消息　　D．请求消息

36．在分布式数据库的类型中，各个站点都只存放自己的数据的类型是（　　）。

A．层次型　　B．联邦型

C．全程型　　D．混合型

37．IP 服务不具有以下（　　）特点。

A．不可靠　　B．面向无连接　　C．QoS 保证　　D．尽最大努力

38．因特网用户使用的 FTP 客户端应用程序通常有（　　）几种类型。

A．传统的 FTP 命令行、浏览器、FTP 下载工具

B．浏览器、FTP 下载工具

C．传统的 FTP 命令行、FTP 下载工具

D．传统的 FDP 命令行、浏览器

39．如果数据传输速率为 10 Gbps，那么发送 10 b 需要用（　　）。

A．1×10^{-6}s　　B．1×10^{-9}s

C．1×10^{-12}s　　D．1×10^{-15}s

40．超文本最大的特点是（　　）。

A．通用性　　B．无序性　　C．可扩展性　　D．简易性

41．传统以太网最大数据传输速率可达到（　　）。

A．10 Mbps　　B．大于 10 Mbps

C．小于 10 Mbps　　D．100 Mbps

42．传输层的主要功能是实现源主机与目的主机对等实体之间的（　　）。

A．点—点连接　　B．端—端连接

C．物理连接　　D．网络连接

43. 如果某一节点要进行数据发送，在 CSMA / CD 控制方法中，则必须（　　）。

A. 可立即发送　　B. 等到总线空闲

C. 等到空令牌　　D. 等发送时间到

44.（　　）操作系统没能够达到 C2 安全级别。

A. Windows 3.x　　B. Unix

C. Windows NT　　D. NetWare 3.x

45. 下列说法正确的是（　　）。

A. 以太网中可以不需要网络层

B. 数据链路层与网络的物理特性无关

C. 噪声使得传输链路上的 0 变成 1，这一差错不能由物理层恢复

D. OSI 模型中，表示层处理语法问题，会话层处理语义问题

46. 计算机字长取决于（　　）的宽度。

A. 地址总线　　B. 控制总线

C. 数据总线　　D. 通信总线

47. 下列不属于对称加密算法的是（　　）。

A. DES　　B. TDEA　　C. RC5　　D. RSA

48. 文件的保护、保密实际上是用户对文件的存取权限问题，一般为文件的存取设置两级控制。以下说法正确的是（　　）。

A. 第一级是存取权限的识别，即对文件可以执行何种操作

B. 第一级是访问者的识别，即规定作者用户可以对文件进行操作

C. 第二级是存取权限的识别，即对文件可以执行何种操作

D. 第二级是访问者的识别，即规定作者用户可以对文件进行操作

49. 下列叙述中错误的是（　　）。

A. 计算机网络和一般计算机互联系统的区别是有没有协议的作用

B. 信道容量是由信道的频带以及能通过的信号功率与干扰功率之比来决定的

C. 垂直奇偶校验方法能检测出每一列中所有奇数位错，但是测不出偶数位错

D. 数据报服务时，对于传输数据的顺序，网络将按照数据进入的顺序送出，接收端不要承担重新编序的责任

50. 克服故障问题的最有效的方法是（　　）。

A. 数据的安全恢复

B. 事务跟踪处理

C. 数据的备份

D. 限制非法的操作

51．在存储系统中，PROM 是指（　　）。

A．固定只读存储器　　B．可编程只读存储器

C．可读写存储器　　D．可再编程只读存储器

52．网络操作系统的基本功能不包括（　　）。

A．组建服务　　B．文件服务

C．数据库服务　　D．打印服务

53．加强网络安全性的最重要的基础措施是（　　）。

A．设计有效的网络安全策略

B．选择更安全的操作系统

C．安装杀毒软件

D．加强安全教育

54．在 IP 地址的分配中，（　　）适合于大型网络。

A．A 类　　B．B 类　　C．C 类　　D．D 类

55．某用户在 WWW 浏览器地址栏内键入了一个 URL：http://www.dlut.edu.cn/index.htm，其中“index.him”代表（　　）。

A．协议类型　　B．主机名　　C．路径及文件名　　D．以上都不对

56．操作系统的主要功能有（　　）。

Ⅰ．处理机管理　Ⅱ．存储管理　Ⅲ．文件管理　Ⅳ．作业管理

Ⅴ．设备管理　Ⅵ．数据管理　Ⅶ．程序管理

A．Ⅰ、Ⅱ、Ⅲ、Ⅳ、Ⅴ　　B．Ⅰ、Ⅳ、Ⅵ

C．Ⅰ、Ⅲ、Ⅴ　　D．Ⅱ、Ⅳ、Ⅵ

57．下列关于 ATM 业务的传输速率的缩写中，表示可用比特率的是（　　）。

A．ABR　　B．UBR　　C．CBR　　D．都不是

58．关于 100BASE-T 介质独立接口 MII 的描述中，正确的是（　　）。

A．MII 使传输介质的变化不影响 MAC 子层

B．MII 使路由器的变化不影响 MAC 子层

C．MII 使 LLC 子层编码的变化不影响 MAC 子层

D．MII 使 IP 地址的变化不影响 MAC 子层

59．基带传输不能使用的拓扑结构是（　　）。

A．树型拓扑　　B．总线型拓扑

C．环型拓扑　　D．FDDI

60. B-ISDN 的核心技术是采用 ATM 实现高效的（　　）。

A. 传输　　B. 交换　　C. 复用　　D. 都是

二、填空题

请将答案分别写在答题卡中序号为【1】至【20】的横线上，答在试卷上不得分。

1. 有一条指令用二进制表示为 101111100111001（注：就是考缺一位的），用十六进制表示为<u>【1】</u>。

2. 安装运行在服务器上的软件是局域网操作系统的<u>【2】</u>。

3. 若两台主机在同一子网中，则两台主机的 IP 地址分配与它们的子网掩码相“与”的结果一定<u>【3】</u>。

4. UDP 是一种面向无连接的、不可靠的<u>【4】</u>协议。

5. Ethernet 的 MAC 地址长度为<u>【5】</u>位。

6. 在星型拓扑结构中，<u>【6】</u>结点是全网可靠性的瓶颈。

7. 电磁信号辐射也能对安全构成威胁。辐射能导致<u>【7】</u>或由于巧合产生电磁信号肇事。

8. WWW 是在<u>【8】</u>的基础上形成的信息网。

9. 早期的网络操作系统经历了由对等结构向<u>【9】</u>结构的过渡。

10. 操作系统中用于作业一级可分为<u>【10】</u>和脱机接口两种。

11. 计算机的软件系统是由系统软件、<u>【11】</u>和应用软件三类软件构成的。

12. 下图所示的简单互联网中，路由器 Q 的路由表中对应的网络 40.0.0.0 的下一跳步 IP 地址应该为<u>【12】</u>。

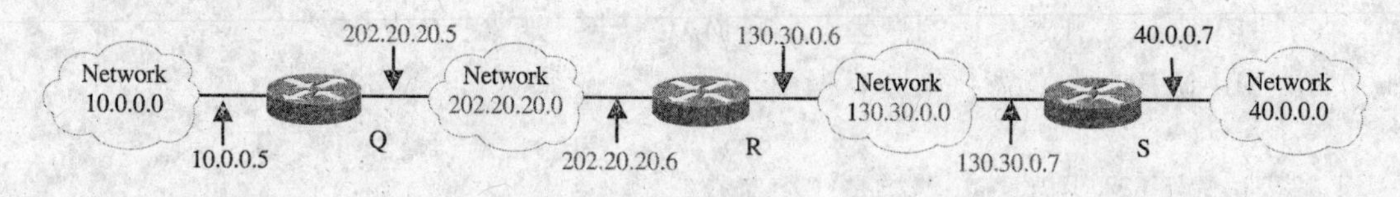

13. B-ISDN 的精髓并不在于速率，而在于<u>【13】</u>。

14. 中断系统应具有的功能包括：实现中断响应、服务和返回；实现【14】和中断嵌套。

15. 浏览器通常由一系列的【15】单元、一系列的解释单元和一个控制单元组成。

16. 如果一个 Web 站点利用 IIS 建立在 NTFS 分区，那么可以通过【16】限制、用户限制、Web 权限和 NTFS 权限对它进行访问控制。

17. 链路是指两个节点间的连线，分为【17】两种。

18. 互连的计算机是分布在不同地理位置的多台独立的“自治计算机”。它们之间可以没有明确的主从关系，连网计算机可以为本地用户提供服务，也可以为远程【18】用户提供服务。

19. 【19】技术使得反病毒程序可以容易地检测出甚至是最复杂的多态病毒，同时保持快速的扫描。

20. 帧中继是以面向连接的方式、以合理的数据传输速率与低的价格提供数据通信服务，它的设计目标主要是针对【20】之间的互连。

第8套

一、选择题

下列各题A、B、C、D四个选项中，只有一个选项是正确的，请将正确选项涂写在答题卡相应位置上，答在试卷上不得分。

1．MIPS常用来描述计算机的运算速度，其含义是（　　）。

A．每秒钟处理百万个字符　　B．每分钟处理百万个字符

C．每秒执行百万条指令　　D．每分钟执行百万条指令

2．下列属于构造全球多媒体网络所需的技术是（　　）。

A．同步数字体系　　B．信号处理

C．交换技术　　D．加密技术

3．在采用非抢占式进程调度方式下，下列不会引起进程切换情况的是（　　）。

A．一个更高优先级的进程就绪　　B．时间片到

C．进程运行完毕　　D．进程执行P操作

4．单机操作系统是按（　　）对操作系统进行的分类。

A．对进程处理方式的不同　　B．用户数目的不同

C．处理机数目的不同　　D．拓扑结构

5．分布式系统与计算机网络的主要区别不在它们的物理结构上，而是在（　　）。

A．服务器软件　　B．高层软件

C．路由器软件　　D．通信子网

6．以下与图像压缩技术有关的是（　　）。

A．MPEG　　B．JBEG　　C．MP3　　D．ZIP

7．以下叙述正确的是（　　）。

A．奔腾芯片是16位的，安腾芯片是32位的

B．奔腾芯片是16位的，安腾芯片是64位的

C．奔腾芯片是32位的，安腾芯片是32位的

D．奔腾芯片是32位的，安腾芯片是64位的

8．在虚拟页式存储管理中，所谓最不经常使用（LFU）页面淘汰算法是指（　　）。

A．将驻留在内存中最后一次访问时间距离当前时间间隔最长的页面淘汰
B．将驻留在内存中访问次数最少的页面淘汰
C．将驻留在内存中的页面随机挑选一页淘汰
D．将驻留在内存中时间最长的一页淘汰

9．如果信道的数据传输速率为 1Gbps，那么每 1 秒钟通过该信道传输的比特数最高可以达到（　　）。

A．1×10^3　　B．1×10^6　　C．1×10^9　　D．1×10^{12}

10．对于一个实际的数据传输系统，在数据传输速率确定后，如果要求误码率越低，那么传输系统设备的（　　）。

Ⅰ．造价越高　　Ⅱ．结构越复杂
Ⅲ．线路带宽越大　　Ⅳ．拓扑结构越简单

A．Ⅰ和Ⅱ　　B．Ⅰ和Ⅲ
C．Ⅱ和Ⅳ　　D．Ⅲ和Ⅳ

11．如果 A 只会说汉语，B 只会说英语，他们通过一个语言翻译器进行会话，这个语言翻译器相当于 OSI 7 层结构中的（　　）。

A．应用层　　B．表示层　　C．会话层　　D．传输层

12．下列不属于 Web 服务器软件功能的是（　　）。

A．Web 服务器软件接收 Web 页面、图形和其他文件的请求
B．以正确的 HTTP 头分发文件
C．执行 CGI
D．设置 Cookies 变量

13．关于 TCP / IP 参考模型传输层的功能，以下（　　）描述是错误的。

A．传输层可以为应用进程提供可靠的数据传输服务
B．传输层的主要功能是负责应用进程之间的端—端通信
C．传输层中的 TCP 协议是面向连接的
D．传输层定义了两种协议，即 TCP 协议和 IP 协议

14．说明进程运行所需的系统资源被放在进程控制块的（　　）中。

A．状态　　B．队列指针
C．资源清单　　D．运行现场信息

15．从信息角度来讲，4 月 1 日在网络上以国务院的名义宣布“全国放假一天”属于安全攻击中的（　　）。

A．中断　　B．截取　　C．修改　　D．捏造

16. 下列对于 TCP / IP 协议的表述中，错误的是（　　）。

A. 主机—网络层是最低层

B. ARP 协议属于互联层

C. TCP 协议属于网络层

D. 主机网络层对应了 OSI 模型的物理层和数据链路层

17. 在局域网中，最常用的传输介质是（　　）。

A. 双绞线　　B. 同轴电缆

C. 光缆（光导纤维）　　D. 无线通信

18. 对计算机系统安全等级的划分中，Windows 98 属于（　　）级。

A. A　　B. B1　　C. C1　　D. D

19. 关于划分 OSI 参考模型层次的原则是（　　）。

Ⅰ. 网中各结点都有相同的层次

Ⅱ. 不同结点的同等层具有相同的功能

Ⅲ. 同一结点相邻层之间通过接口通信

Ⅳ. 每一层使用下层提供的服务，并向其上层提供服务

Ⅴ. 不同结点的同等层按照协议实现对等层之间的通信

A. Ⅰ、Ⅱ、Ⅲ　　B. Ⅱ、Ⅲ、Ⅴ

C. Ⅱ、Ⅲ、Ⅳ、Ⅴ　　D. 都是

20. 适合在大型计算中心连续计算处理大量数据库模式的是（　　）。

A. 并行计算模式　　B. 客户 / 服务器模式

C. 分布计算模式　　D. 浏览器 / 服务器模式

21. 消息属于（　　）。

A. 永久性资源　　B. 临时性资源

C. 动态资源　　D. 静态资源

22. 数据通信中的信道传输速率单位是比特率（BPS），它的含义是（　　）。

A. Bits Per Second　　B. Bytes Per Second

C. 和具体传输介质有关　　D. 和网络类型有关

23. 在广域网中，T1 标准规定的速率为（　　）。

A. 64 kbps　　B. 1.544 Mbps　　C. 2.048 Mbps　　D. 10 Mbps

24. 网络中受到威胁最大的要素是（　　）。

A. 系统管理员　　B. 数据　　C. 程序　　D. 计算机

25. 下列协议中不是域内组播协议的是（　　）。

A. DVMRP 协议　　B. PIM 协议

C. MOSPE 协议　　D. HDLC 协议

26. 以下关于 10 Gbps 以太网的表述中，错误的是（　　）。

A. 只工作在全双工模式下

B. 一样需要冲突检测

C. 帧格式与以往以太网相同

D. 可以用单模光纤也可以用多模光纤

27. 远程登录使用（　　）协议。

A. SMTP　　B. POP3　　C. Telnet　　D. IMAP

28. 在下述 XMPP 系统的特点中，不正确的是（　　）。

A. P2P 通信模式　　B. 分布式网络

C. 简单的客户端　　D. XML 的数据格式

29. 基于对网络安全性的需求，网络操作系统一般采用 4 级安全保密机制，即注册安全、用户信任者权限、目录与文件属性与（　　）。

A. 磁盘镜像　　B. UPS 监控

C. 最大信任者权限屏蔽　　D. 文件备份

30. 尽管 Windows NT 操作系统的版本不断变化，但从它的网络操作与系统应用角度来看，有两个概念是始终不变的，那就是工作组模型与（　　）。

A. 域模型　　B. 用户管理模型

C. TCP / IP 协议模型　　D. 输入管理程序模型

31. 数字版权管理（DRM）主要采用数据加密、版权保护、数字水印和（　　）。

A. 认证技术　　B. 数字签名技术

C. 访问控制技术　　D. 防篡改技术

32. 通常，小规模网络可以使用（　　）。

A. A 类 IP 地址　　B. B 类 IP 地址

C. C 类 IP 地址　　D. D 类 IP 地址

33. 某网络，使用 255.255.255.252 为子网屏蔽码，那么一般情况下，分割出来的每个子网可以有（　　）台主机。

A. 4　　B. 3　　C. 2　　D. 1

34. TCP/IP 参考模型的主机—网络层与 OSI 参考模型的（　　）层对应。

A. 传输层　　B. 网络层与数据链路层
C. 网络层　　D. 数据链路层与物理层

35. 一个进程由程序、数据和进程控制块几个部分组成，其中（　　）必须用可重入码编写。
A. 进程控制块　　B. 可重入码
C. 数据　　D. 共享程序段

36. 在 IP 数据报的传递过程中，IP 数据报报头中可能改变的域是（　　）。
A. 标识　　B. 源地址
C. 目的地址　　D. 头部校验和

37. 局域网的 IEEE 802 参考模型是根据（　　）来分层的。
A. 应用对象　　B. 协议　　C. 应用程序　　D. 网络操作系统

38. 当采用（　　）网卡时，网卡容易与其他扩展卡冲突。
A. 内置　　B. 外置　　C. 无线　　D. 32 kbps

39. 以下关于 Telnet 的表述中，错误的是（　　）。
A. NVT 屏蔽不同计算机系统对键盘输入的差异
B. Telnet 可以解决不同计算机之间的互操作问题
C. Telnet 可以解决不同网络结构间传输数据的问题
D. Telnet 连接的服务器方和用户的计算机都要支持 Telnet

40. Internet 的网络层包含有 4 个重要的协议，分别为（　　）。
A. IP、ICMP、ARP、UDP　　B. TCP、ICMP、UDP、ARP
C. IP、ICMP、ARP、RARP　　D. IDP、IP、ICMP、RARP

41. 下列（　　）在边远地区、山区、海岛、灾区、远洋船只和远航飞机等应用场合具有优越性。
A. 微波扩频接入技术　　B. HFC 接入技术
C. 卫星通信接入技术　　D. xDSL 接入技术

42. 在计算机网络的有线传输介质中，性能最好的是（　　）。
A. 双绞线　　B. 同轴电缆
C. 光纤　　D. 微波

43. 以下有关网络管理功能的描述中，错误的是（　　）。
A. 配置管理大致可以分为两部分：对设备的管理和对设备连接的管理
B. 故障管理的目标是确定故障发生的原因
C. 性能管理是监视和调整工作参数，改善网络性能

D．性能管理从概念上讲，包括监视和调整两大功能

44．S / Key 协议属于（　　）的内容。
A．口令机制
B．个人持证
C．指纹识别
D．笔迹识别

45．对（　　）是为了防止误操作对文件造成破坏。
A．文件的共享
B．文件的保护
C．文件的保密
D．文件的备份

46．按照美国国防部安全准则，Unix 系统能够达到的安全级别为（　　）。
A．C1　B．C2　C．B1　D．B2

47．数字信封技术能够（　　）。
A．对发送者和接收者的身份进行认证
B．对发送者的身份进行认证
C．防止交易中的抵赖发生
D．保证数据在传输过程中的安全性

48．以下说法正确的是（　　）。
A．服务器只能用 64 位的 CPU 芯片制成
B．服务器不能用 32 位的 CPU 芯片制成
C．大型机可以用作服务器
D．微型机不可以作服务器

49．关于 NetWare 网络安全的描述中，错误的是（　　）。
A．提供了三级安全保密机制
B．限制非授权用户注册网络
C．保护应用程序不被复制、删除、修改或窃取
D．防止用户因误操作而删除或修改重要文件

50．对于上层协议中发来的没有制定路由的数据报，主机需要（　　）。
A．进行数据报分组
B．进行数据报重装
C．对数据报进行取舍
D．进行路由选择处理

51．在网络的拓扑结构中，没有双亲结点的结点叫（　　）。
A．父结点　B．子结点　C．根结点　D．叶结点

52．在网络安全中，捏造是指未授权的实体向系统中插入伪造的对象。这是对（　　）。
A．可用性的攻击
B．保密性的攻击

C. 完整性的攻击　　D. 真实性的攻击

53. 如果分时系统的时间片一定，那么（　　），则响应时间越长。

A. 硬盘越小　　B. 硬盘越大　　C. 用户数越少　　D. 用户数越多

54. 分布式数据库的类型中，网络中有一个中心站，这个站点上存放着所有的数据类型是（　　）。

A. 层次型　　B. 联邦型　　C. 全程型　　D. 混合型

55. 利用密码技术实现保密的方法主要有（　　）。

A. 3 种　　B. 4 种　　C. 5 种　　D. 2 种

56. 路由表通常包含许多（N，R）对序偶，其中 N 通常是目的网络的 IP 地址，R 是（　　）。

A. 到 N 路径上一个路由器的 IP 地址

B. 到 N 路径上所有路由器的 IP 地址

C. 到 N 路径上一个网络的网络地址

D. 到 N 路径上所有网络的网络地址

57. 为了防止第三方偷看或篡改用户与 Web 服务器交换的信息，可以采用（　　）。

A. 在客户端加载数字证书

B. 将服务器的 IP 地址放入可信站点区

C. SSL 技术

D. 将服务器的 IP 地址放入受限站点区

58. 在多道程序系统中，内存既有操作系统，又有许多用户程序。为使系统正确运行，要采取存储保护措施以防止（　　）。

Ⅰ. 地址越界　　Ⅱ. 操作越权

A. 只有Ⅰ　　B. 只有Ⅱ

C. Ⅰ和 Ⅱ　　D. 都不正确

59. 下面（　　）不是 ATM 的特征。

A. 信元传输　　B. 服务质量保证

C. 多路复用　　D. 面向非连接

60. CPU 的指标包括（　　）。

A. 字长、指令处理能力　　B. 速度、指令处理能力

C. 字长、速度、指令处理能力　　D. 指令处理能力

二、填空题

请将答案分别写在答题卡中序号为【1】至【20】的横线上，答在试卷上不得分。

1. 数字签名中最常用的是利用__【1】__加密算法进行数字签名。

2. 防火墙的作用：集中的网络安全；__【2】__；重新部署网络地址转换；监视互联网的使用。

3. 按照 OSI 参考模型，网络中每一个节点都有相同的层次，不同结点的对等层使用相同的__【3】__。

4. 当一个局域网采用__【4】__介质访问控制技术，比较适用于办公自动化环境下；反之，采用 Token Ting 和 Token Bus 介质访问控制技术，比较适用于工业过程自动化环境下。

5. ATM 信元中：前__【5】__个字节是信头，其余 48 字节是信息字段。

6. 操作系统依照拓扑结构可分为：单机操作系统、__【6】__、分布式操作系统。

7. 在网络中，为了将语音信号和数字、文字、图形、图像一同传输，必须利用__【7】__技术将语音信号数字化。

8. 在因特网的域名体系中，商业组织的顶级域名是 __【8】__。

9. HP-UX 11i V3 以灵活的__【9】__不但能够解决目前企业面临的难题，在今后数据爆炸性增长时，还可按需增加工作负载和容量。

10. PC 机硬件在逻辑上主要由 CPU、主存储器、辅助存储器、__【10】__与总线系统 5 类主要部件组成。

11. 超文本的最大特点是：__【11】__性。

12. 运行 IP 协议的 Internet 可以为其高层用户提供__【12】__的、面向无连接的、尽最大努力的数据投递服务。

13. 超媒体系统是由编辑器、导航工具和__【13】__组成的。

14. 标准的__【14】__类 IP 地址使用 21 位二进制数表示网络号。

15. Internet 是一个建筑在__【15】__协议簇基础上的网络系统。

16. 按照网络的【16】划分，计算机网络可以分为集中式网络、分散式网络和分布式网络。

17. 组播路由协议可分为域内组播路由协议和【17】两大类。

18. 公钥密码体制有两种基本的模型，一种是加密模型，另一种是【18】模型。

19. 【19】是在某个系统或某个文件中设置的“机关”，使得当提供特定的输入数据时，允许违反安全策略。

20. Wi-Fi 是 IEEE 802.11b、IEEE 802.11a 和 IEEE 802.11g 等的俗称，它在接入网中属于【20】技术。

第9套

一、选择题

下列各题A、B、C、D四个选项中，只有一个选项是正确的，请将正确选项涂写在答题卡相应位置上，答在试卷上不得分。

1. 下列关于安腾处理器的叙述中，不正确的是（　　）。
   A. 安腾主要用于服务器和工作站
   B. 安腾的创新技术是采用复杂指令系统
   C. 安腾的创新技术是简明并行指令计算
   D. 安腾能使电子商务平稳运行

2. 下列说法中，错误的是（　　）。
   A. 阿帕网是自1969年美国国防部最先开始使用的网络
   B. peer to peer 指端对端网络
   C. 1991年我国第一条与国际互联网连接的专线建成
   D. 大多数局域网都不是对等网络

3. 最早出现的计算机网络是（　　）。
   A. Internet　　B. ARPANet　　C. Novell　　D. SNA

4. 随着微型计算机的广泛应用，大量的微型计算机通过局域网联入广域网，而局域网与广域网的互联一般通过（　　）实现。
   A. 以太网交换机　　B. 路由器　　C. 网桥　　D. 电话交换机

5. 网络既可以传输数据、文本，又可以传输图形、图像。下列（　　）文件类型不是图形文件。
   A. BMP　　B. TIF　　C. JPG　　D. WMF

6. 有若干个局域网，各自具有独立的资源，若它们之间互连以后，则（　　）。
   A. 各自资源仍然独立
   B. 各自资源可被互联网络共享
   C. 各自资源既不能独立，也不能共享
   D. 互连不仅仅是物理上的连接

7. 下列中断中，（　　）不属于强迫性中断。

A．设备出错　　B．时间片到时
C．掉电　　D．执行打印语句

8．在 Internet 中，用户计算机需要通过校园网、企业网或 ISP 连入（　　）。
A．电报交换网　　B．国家间的主干网
C．电话交换网　　D．地区主干网

9．在局域网交换机工作方式中，（　　）在局域网交换机中处理的是完整的帧。
A．存储转发方式　　B．改进的存储转发方式
C．直接交换方式　　D．改进的直接交换方式

10．交换式局域网的核心部件是局域网交换机。局域网交换机可以在连接到交换机端口的多个节点之间同时建立多个（　　）。
A．传输层连接　　B．IP 包交换
C．并发连接　　D．超链接

11．曼彻斯特编码是将（　　）。
A．数字数据转换为数字信号　　B．模拟数据转换为数字信号
C．数字数据转换为模拟信号　　D．模拟数据转换为模拟信号

12．以下关于 OSI 网络层次模型的划分原则阐述不正确的是（　　）。
A．网络中各节点可以有不同的层次
B．不同的节点相同的层具有相同的功能
C．同一节点内相邻的层之间通过接口通信
D．每层使用下层提供的服务

13．下面关于启动进程机制的叙述中，错误的是（　　）。
A．在 DOS 中是 EXEC 函数
B．在 Windows 中是 CreateProcess 函数
C．在 OS/2 中是 CreateProcess 函数
D．在 DOS 中是 CreaterProcess 函数

14．通常，对数据信息安全性的保护是利用（　　）技术来实现的。
A．数据加密　　B．公钥加密　　C．私钥加密　　D．数字签名

15．以下关于 OSI 参考模型的描述中，错误的是（　　）。
A．OSI 参考模型定义了开放系统的层次结构
B．OSI 参考模型层次划分的原则包括：网络中的各节点都有相同的层次
C．OSI 参考模型定义了各层接口的实现方法
D．OSI 参考模型中，网络的不同节点的同等层具有相同的功能

16. 域名服务系统（Domain Name System，DNS）中，域名采用分层次的命名方法，其中 com 是一个顶级域名，它代表（　　）。

A．教育机构　　B．商业组织　　C．政府部门　　D．国家代码

17. 129.10.10.10 属于（　　）。

A．A 类地址　　B．B 类地址　　C．C 类地址　　D．D 类地址

18. 一个网络协议主要由以下 3 个要素组成：语法、语义与时序。其中规定了控制信息结构与格式的是（　　）。

A．语法　　B．语义　　C．时序　　D．都没有

19. 静态路由表是指（　　）。

A．网络处于静态时的路由　　B．到达某一目的网络的固定路由

C．静态路由不允许修改　　D．网络处于瘫痪时临时启用的路由表

20. ATM 的信元由（　　）个字节构成。

A．48　　B．53　　C．65　　D．128

21. 使用 UDP 建立连接，连接的可靠性工作需要由（　　）来完成。

A．下层硬件　　B．下层软件

C．UDP 协议　　D．使用 UDP 的应用程序

22. ISDN 为了使通信网络内部的变化对终端用户是透明的，它必须提供一个标准的（　　）。

A．用户接口　　B．数据速率体系

C．网络接口　　D．网络协议体系

23. 关于 Linux 操作系统特性的描述中，正确的是（　　）。

A．Linux 是由荷兰大学生 Linus B.Torvalds 开发的免费网络操作系统

B．Linux 已用于 Internet 上的多种 Web 服务器、应用服务器

C．Linux 具有虚拟内存能力，不必利用硬盘扩充内存

D．Linux 支持 Intel 硬盘平台，而不支持 Spare、Power 平台

24. 计算机硬件系统中最核心的部件是（　　）。

A．输入 / 输出设备　　B．主存储器

C．磁盘　　D．CPU

25. 下列（　　）不是快速以太网 100BASE-T 所包涵的。

A．100BASE-TX　　B．100BASE-T4

C．100BASE-CX　　D．100BASE-FX

26. 承担计算机网络中数据的传输、交换、加工和变换等通信工作的是（　　）。

A．通信子网　　B．资源子网

C．网络节点　　D．通信链路

27. 基于网络低层协议、利用实现协议时的漏洞达到攻击目的，这种攻击方式称为（　　）。

A．被动攻击　　B．非服务攻击

C．人身攻击　　D．服务攻击

28. 下列关于 Windows NT 的描述中，错误的是（　　）。

A．Windows NT Server 利用域与域信任关系实现对大型网络的管理

B．Windows NT Server 以“域”为单位集中管理网络资源

C．在一个 Windows NT 域中，只能有一个域控制器

D．Windows NT Server 允许用户使用不同的网络协议

29. 用于 Internet，并且不支持无连接服务的协议是（　　）协议。

A．TCP / IP　　B．OSI RM　　C．IEEE 802　　D．IEEE 803

30. 操作系统的一个重要功能是进程管理。为此，操作系统必须提供一种启动进程的机制。在下面叙述中，不正确的是（　　）。

A．在 DOS 中，该机制是 EXEC 函数

B．在 Windows 中启动进程的函数是 CreateProcess

C．在 OS / 2 中启动进程的函数是 CreateProcess

D．在 DOS 中启动进程的函数是 CreateProcess

31. 关于 Unix，以下说法错误的是（　　）。

A．Unix 采用近程对换的内存管理机制

B．提供可编程 Shell 语言

C．系统全部采用汇编语言编写而成，运行速度快

D．Unix 提供多种通信机制

32. 关于因特网，以下说法错误的是（　　）。

A．从网络设计者角度考虑，因特网是一种计算机互联网

B．从使用者角度考虑，因特网是一个信息资源网

C．连接在因特网上的客户机和服务器被统称为主机

D．因特网利用集线器实现网络与网络的互联

33. 以下说法不正确的是（　　）。

A．局域网产品中使用的双绞线可以分为两类：屏蔽双绞线与非屏蔽双绞线

B．从抗干扰性能的角度，屏蔽双绞线与非屏蔽双绞线基本相同

C．三类线可以用于 10 Mbps 及 100 Mbps 的数据传输

D．五类线适用于语音及 100 Mbps 以下的数据传输

34．IPv6 的地址为（　　）。
A．16 位　　B．32 位
C．64 位　　D．128 位

35．以下适用于以太网的结构是（　　）。
A．环型　　B．网状型　　C．星型　　D．不规则型

36．下列说法错误的是（　　）。
A．TCP 协议可以提供可靠的数据流传输服务
B．TCP 协议可以提供面向连接的数据流传输服务
C．TCP 协议可以提供全双工的数据流传输服务
D．TCP 协议可以提供面向非连接的数据流传输服务

37．计算机病毒是（　　）。
A．一专门侵蚀硬盘的霉菌　　B．一种用户误操作的后果
C．一类具有破坏性的文件　　D．一类人为制造的、具有破坏性的程序

38．在因特网中，请求域名解析的软件必须知道（　　）。
A．根域名服务器的 IP 地址
B．任意一个域名服务器的 IP 地址
C．根域名服务器的域名
D．任意一个域名服务器的域名

39．在单 CPU 系统中，关于进程的正确叙述是（　　）。
A．最多只有一个进程处于运行状态
B．只能有一个进程处于就绪状态
C．一个进程可以同时处于就绪状态和等待状态
D．一个处于等待状态的进程一旦分配了 CPU，即进入运行状态

40．一所大学拥有一个跨校园许多办公楼的网络，其中几座办公楼分布在各个城区，它们组成继续教育中心。这种网络是属于（　　）网络。
A．有线网　　B．广域网　　C．校园网　　D．城域网

41．HTML 语言的特点包括（　　）。
Ⅰ．通用性　　Ⅱ．简易性
Ⅲ．可扩展性　　Ⅳ．平台无关性
Ⅴ．支持用不同方式创建 HTML 文档
A．Ⅰ、Ⅱ、Ⅲ　　B．Ⅱ、Ⅲ、Ⅳ

C．Ⅰ、Ⅱ、Ⅲ和Ⅳ　　D．全部

42．如果一个用户通过局域网将自己的主机接入因特网，以访问因特网上的 Web 站点，那么用户不需要在这台主机上安装和配置（　　）。

A．调制解调器　　B．网卡

C．TCP / IP 协议　　D．WWW 浏览器

43．在 OSI 七层结构模型中，执行路径选择的层是（　　）。

A．物理层　　B．网络层

C．数据链路层　　D．传输层

44．以太网是（　　）的典型。

A．总线网　　B．FDDI　　C．令牌环网　　D．星型网

45．如果发送方使用的加密密钥和接收方使用的解密密钥不相同，从其中一个密钥难以推出另一个密钥，这样的系统称为（　　）。

A．常规加密系统　　B．单密钥加密系统

C．公钥加密系统　　D．对称加密系统

46．下列方法不是用来限制用户访问 Web 站点中提供资源的方法是（　　）。

A．IP 地址限制　　B．用户验证

C．Web 权限　　D．加强机房建设和管理

47．下列叙述中错误的是（　　）。

A．数字签名可以保证信息在传输过程中的完整性

B．数字签名可以保证数据在传输过程中的安全性

C．数字签名可以对发送者的身份进行认证

D．数字签名可以防止交易中的抵赖发生

48．在访问因特网过程中，为了防止 Web 页面中恶意代码对自己计算机的损害，可以采取以下（　　）防范措施。

A．利用 SSL 访问 Web 站点

B．将要访问的 Web 站点按其可信度分配到浏览器的不同安全区域

C．在浏览器中安装数字证书

D．要求 Web 站点安装数字证书

49．在 ATM 模式中，一段信息被组成（　　）。

A．一个一个的报文，这些报文不需要周期地出现，所以称为“异步”

B．一个一个的信元，这些信元不需要周期地出现，所以称为“异步”

C．一个一个不定长的分组，这些分组不需要周期地出现，所以称为“异步”

D. 一个一个不定长的报文，这些报文不需要周期地出现，所以称为“异步”

50. 计算机不能直接执行符号化的程序，必须通过语言处理程序将符号化的程序转换为计算机可执行的程序，下述所列程序中不属于上述语言处理程序的是（　　）。

A. 汇编程序　　B. 编译程序

C. 解释程序　　D. 反汇编程序

51. 我们说公钥加密比常规加密更先进，这是因为（　　）。

A. 公钥是建立在数学函数基础上的，而不是建立在位方式操作上的

B. 公钥加密比常规加密更具有安全性

C. 公钥加密是一种通用机制，常规加密已经过时了

D. 公钥加密算法的额外开销少

52. 在 NetWare 中，当工作站用户请求将数据和文件写入硬盘时，先将其写入内存缓冲区，然后再以后台方式写入磁盘中，称为（　　）。

A. 目录 Cache　　B. 目录 Hash

C. 文件 Cache　　D. 后台写盘功能

53. 可行性分析的目的在于（　　）。

A. 提出可行的方案

B. 证明系统目标的正确性

C. 论证系统目标和现实之间的差距是否有条件跨越

D. 证明系统目标的完备性

54. （　　）是网络中的技术最复杂、实施最困难、影响面最广的一部分。

A. 传输网　　B. 交换网　　C. 接入网　　D. 控制网

55. 以下（　　）是有效的 IP 地址。

A. 202.280.130.45　　B. 130.192.33.45

C. 192.257.130.45　　D. 280.192.33.456

56. IM 系统一般采用两种通信模式，MSN Messager、ICQ、Yahoo Messenger 等主流 IM 软件在传递文件等大量数据时一般使用（　　）通信模式。

A. P2P　　B. B/S

C. 服务器中转　　D. C/S

57. 允许多个程序同时进入内存并运行的技术是（　　）。

A. 多道程序设计技术　　B. 缓冲技术

C. 虚拟内存技术　　D. SPOOLing 技术

58．以下不是 SDH 特点的是（　　）。

A．同步复用　　B．标准的网络接口

C．强大的网络管理功能　　D．兼具电路交换和分组交换的优点

59．下列选项中，（　　）不属于中国 Internet 互联管理单位。

A．中国科学院　　B．中网信息技术有限公司

C．国家教委　　D．电子部

60．IPTV 系统包括 3 个基本业务，下述业务中，不属于基本业务的是（　　）。

A．视频点播　　B．可视电话

C．直播电视　　D．时移电视

二、填空题

请将答案分别写在答题卡中序号为【1】至【20】的横线上，答在试卷上不得分。

1．奈奎斯特定理与香农定理从定量的角度描述【1】与速率的关系。

2．美国 IEEE 的一个专门委员会曾经把计算机分为六类，即：大型主机、小型计算机、PC、【2】、巨型计算机和小巨型机。

3．Internet 采用的协议簇为【3】；若将个人电脑通过市话网上 Internet，需配置调制解调器（MODEM）。

4．在环型或【4】中，由于只有一条物理传输通道连接所有的设备，为了确保传输媒体的正常访问和使用，连到网络上的所有设备必须遵循一定的规则。

5．目前大多数提供公共资料的 FTP 服务器都提供【5】，Internet 用户可随时访问这些服务器而不需要预先向服务器申请账号。

6．在 TCP / IP 协议中，【6】层负责为应用层提供服务。

7．系统运行过程中，从目态到管态的途径是【7】。

8．MAC 子层的媒体访问管理包括【8】和竞争处理两部分。

9．局域网从介质访问控制方法的角度可以分为两类：共享介质局域网与【9】局域网。

10．由于 Windows 2000 Server 采用了活动目录服务，因此 Windows 2000 网络中所有的域控制器之间的关系是【10】的。

11．SNMP 位于 OSI 参考模型的【11】层。

12．网络拓扑结构在整个网络的设计、功能、可靠性、【12】等方面有着重要的影响。

13．令牌总线在物理上是总线网，而在逻辑上是【13】网。

14．一般情况下，防火墙的主要部分包括：【14】、应用层网关（代理服务器）和电路层网关。

15．死锁的必要条件是：【15】、不可剥夺条件、部分分配和循环等待。

16．网桥可以通过【16】过滤和转发帧隔开网段中的流量。

17．SDH 的帧结构与 PDH 的不同，它是【17】帧。

18．计算机运算快慢与【18】的时钟频率紧密相关。

19．操作系统的特点是【19】和共享性。

20．ATM 是以【20】为数据传输单元的一种分组交换和复用技术。

第10套

一、选择题

下列各题A、B、C、D四个选项中，只有一个选项是正确的，请将正确选项涂写在答题卡相应位置上，答在试卷上不得分。

1. 1994年，我国实现了采用（　　）协议的国际互联网的全功能连接。
   A. TCP / IP　　B. ARP　　C. www　　D. DNS

2. 下列选项中，（　　）是网络管理协议。
   A. DES　　B. SNMP
   C. UNIX　　D. RSA

3. 某系统所采用的地址码长度为二进制24位时，其寻址范围是（　　）。
   A. 16 MB　　B. 32 MB　　C. 24 MB　　D. 64 MB

4. Internet Explorer 是（　　）。
   A. 浏览软件　　B. Internet工具软件
   C. 新闻阅读器软件　　D. 新闻收集软件

5. 网络操作系统是指（　　）。
   A. 为高层网络用户提供共享资源管理与其他网络服务功能的网络操作系统软件
   B. 提供网络性能分析、网络状态监控、存储管理等多种管理功能
   C. 具有分时系统文件管理的全部功能，提供网络用户访问文件、目录的并发控制与安全功能的服务器
   D. 网络操作系统软件分为协同工作的两部分，分别安装在网络服务器与网络工作站上

6. 下列关于公共管理信息服务协议（CMIS / CMIP）的说法中，错误的是（　　）。
   A. CMIP安全性高，功能强大
   B. CMIP采用客户机 / 服务器模式
   C. CMIP的这种管理监控方式称为委托监控
   D. 委托监控对代理的资源要求较高

7. 在计算机网络中，联网计算机之间的通信必须使用共同的（　　）。
   A. 体系结构　　B. 网络协议　　C. 操作系统　　D. 硬件结构

8. TCP / IP 协议分成（　　）层。

A. 二　　B. 三　　C. 四　　D. 五

9. 1.5 km 的基带以太网，为了保证冲突的可靠检测，若最短数据帧长为 15 000 bit，则数据传输速率为（　　）。

A. 1Mbps　　B. 10 Mbps　　C. 100 Mbps　　D. 1 000 Mbps

10. 下列关于节点加密方式的说法，正确的是（　　）。

A. 各节点的密钥必须相同

B. 各节点的密钥必须互不相同

C. 传输过程中，每个节点将收到的密文加密后再传出

D. 传输过程中，每个节点将收到的密文先解密再加密然后传出

11. 人们将网络层次结构模型和各层协议定义为网络的（　　）。

A. 拓扑结构　　B. 开放系统互联模型

C. 体系结构　　D. 协议集

12. 数据传输速率为 2.5×10^9bps，可以记为（　　）。

A. 2.5 Kbps　　B. 2.5 Mbps

C. 2.5 Gbps　　D. 2.5 Tbps

13. Internet 是全球最大的计算机网络，它的基础协议是（　　）。

A. TCP / IP　　B. NetBIOS　　C. IPX / SPX　　D. Apple Talk

14. T3 载波速率为（　　）。

A. 1.544 Mbps　　B. 2.048 Mbps

C. 44.746 Mbps　　D. 34 Mbps

15. 下列拓扑结构中，需要端接器的是（　　）。

A. 星型　　B. 环型　　C. 总线型　　D. 树型

16. 在终端较多的地区，为减轻主机负载，设置（　　）。

A. 复用器　　B. Modem　　C. 集中器　　D. 前端处理机

17. 计算机网络拓扑通过网络中节点与通信路之间的几何关系来表示（　　）。

A. 网络层次　　B. 协议关系　　C. 体系结构　　D. 网络结构

18. TCP / IP 协议中应用层之间通信是由（　　）负责处理的。

A. 应用层　　B. 传输层　　C. 网络层　　D. 链路层

19. 在节点加密方式中，如果传输链路上存在 n 个节点，包括信息发出源节点和终止节点，则传输路径上最多存在（　　）种。

A．1　　B．2　　C．n-1　　D．n

20. 奈奎斯特定理描述了有限带宽、无噪声信道的最大数据传输速率与信道带宽的关系。对于二进制数据，若最大数据传输速率为 6 000 bps，则信道带宽 B=（　　）。

A．300 Hz　　B．6 000 Hz　　C．3 000 Hz　　D．2 400 Hz

21. 计算机的数据传输具有“突发性”的特点，通信子网中的负荷极不稳定，随之可能带来通信子网的暂时与局部的（　　）。

A．进程同步错误现象　　B．路由错误现象

C．会话错误现象　　D．拥塞现象

22. 下列关于防火墙功能的说法中，错误的是（　　）。

A．防火墙能够控制进出网络的信息流向和信息包

B．防火墙能够提供使用流量的日志和审计

C．防火墙显示内部 IP 地址及网络机构的细节

D．防火墙提供虚拟专用网（VPN）功能

23. 简单网络管理协议 SNMP 依赖于（　　）协议。

A．UDP　　B．TCP　　C．IP　　D．FTP

24. CSMA / CD 方法用来解决多结点如何共享公用总线传输介质的问题，网中（　　）。

A．不存在集中控制的结点　　B．存在一个集中控制的结点

C．存在多个集中控制的结点　　D．可以有也可以没有集中控制的结点

25. 缓冲技术用于（　　）。

A．统一管理文件存储空间　　B．提供主、辅存在接口

C．提高外设利用率　　D．提高主机和设备交换信息的速度

26. 如果互联的局域网高层分别采用 TCP / IP 协议与 SPX / IPX 协议，那么我们可以选择的互联设备应该是（　　）。

A．中继器　　B．网络　　C．网卡　　D．路由器

27. 下列对于 Windows NT 特点的表述中，错误的是（　　）。

A．好的兼容性及可靠性　　B．便于安装和使用

C．优良的安全性　　D．管理比较简单

28. 关于多媒体技术的描述中，正确的是（　　）。

A．多媒体信息一般需要压缩处理

B．多媒体信息的传输需要 2 Mbps 以上的带宽
C．对静态图像采用 MPEG 压缩标准
D．对动态图像采用 JPEG 压缩标准

29．插入信息的敏感性差的密码系统是（　　）。
A．分组密码　　B．序列密码
C．对称密码　　D．不对称密码

30．关于 Linux，以下说法错误的是（　　）。
A．支持 Intel、Alpha 硬件平台，尚不支持 Sparc 平台
B．支持多种文件系统，具有强大的网络功能
C．支持多任务和多用户
D．开放源代码

31．对计算机网络按照信号频带占用方式来划分，可以分为（　　）。
A．双绞线网和光纤网　　B．局域网和广域网
C．基带网和宽带网　　D．环型网和总线型网

32．帧中继技术采用了（　　）技术。
A．电路交换　　B．转发
C．数据报　　D．虚电路

33．（　　）对信息不作逻辑处理，只是简单的放大后传输。
A．路由器　　B．集线器
C．中继器　　D．交换机

34．在因特网中，屏蔽各个物理网络细节和差异的是（　　）。
A．主机－网络层　　B．互联层　　C．传输层　　D．应用层

35．计算机网络互联的核心是（　　）。
A．APRANET　　B．ETHERNET　　C．BITNET　　D．INTERNET

36．如果某种局域网的拓扑结构是（　　），则局域网中任何一个节点出现故障都不会影响整个网络的工作。
A．总线型结构　　B．树型结构　　C．环型结构　　D．星型结构

37．UDP 报文有可能出现的现象是（　　）。
Ⅰ．丢失　　Ⅱ．乱序　　Ⅲ．重复
A．Ⅰ、Ⅱ　　B．Ⅱ、Ⅲ　　C．Ⅰ、Ⅲ　　D．Ⅰ、Ⅱ、Ⅲ

38．对明文信息具有良好扩散性的密码系统是（　　）。

A．分组密码　　B．序列密码

C．对称密码　　D．不对称密码

39．Ethernet 的物理地址长度为 48 位，允许分配的物理地址应该有（　　）。

A．245 个　　B．246 个

C．247 个　　D．248 个

40．（　　）软件不是 FTP 的客户端软件。

A．FTP 命令行　　B．浏览器

C．FTP 网站　　D．FTP 下载工具

41．分组过滤型防火墙原理上是基于（　　）进行分析的技术。

A．物理层　　B．数据链路层

C．网络层　　D．应用层

42．以下关于 IP 提供的服务内容，错误的是（　　）。

A．不可靠服务　　B．无连接服务

C．匿名服务　　D．尽大努力服务

43．在一个采用粗同轴电缆作为传输媒体的以太网中，两个节点之间的距离超过 500 m，欲扩大局域网覆盖的范围，最简单的方法是选用（　　）。

A．中继器　　B．网桥　　C．路由器　　D．网关

44．特洛伊木马攻击的威胁类型属于（　　）。

A．授权侵犯威胁　　B．植入威胁

C．渗入威胁　　D．旁路控制威胁

45．目录文件的结构是（　　）。

A．表型　　B．链表型

C．树型　　D．循环链表型

46．作业在系统存在与否的唯一标志是（　　）。

A．目标程序　　B．作业说明

C．作业控制块　　D．源程序

47．局域网交换机的帧交换需要查询（　　）。

A．端口号/MAC 地址映射表　　B．端口号/IP 地址映射表

C．端口号/介质类型影射表　　D．端口号/套接字映射表

48. 用来选择被淘汰页面的算法称为页面淘汰算法。在以下算法中，最理想的是（　　）。

A. 最佳淘汰算法（ OPT ）

B. 先进先出淘汰算法（ FIFO ）

C. 最近最久未使用淘汰算法（ LRU ）

D. 最近最少使用淘汰算法（ LFU ）

49. 计算机网络的远程通信通常采用的是（　　）。

A. 基带（数字）传输　　B. 基带（模拟）传输

C. 频带传输　　D. 基带传输

50. 如果使用凯撒密码，明文 attack 被加密为 EXXEGO，则秘钥为（　　）。

A. 4　　B. 5　　C. 6　　D. 7

51. 如果在顺序环境下执行 A、B 两个程序，CPU 的利用率为（　　）。

A. 30%　　B. 40%　　C. 50%　　D. 60%

52. 就目前来看，在对未来网络的支持中，无线接入网与有线接入网相比，最大的特点是（　　）。

A. 提供综合业务　　B. 传输速率高

C. 支持个人通信　　D. 保密性强

53. 关于 Windows 活动目录服务的描述中，错误的是（　　）。

A. 活动目录存储了有关网络对象的信息

B. 活动目录服务把域划分为组织单元

C. 组织单元不再划分上级组织单元与下级组织单元

D. 活动目录服务具有可扩展性和可调整性

54. 用户已知的 3 个域名服务器的 IP 地址和名字分别为 202.230.82.97，dns.abc.edu；130.25.98.3，dns.ab.com；195.100.28.7，dns.abc.net。用户可以将其计算机的域名服务器设置为（　　）。

A. dns.abc.edu　　B. dns.abc.com

C. dns.abc.net　　D. 195.100.28.7

55. 在 MAC 帧格式中，地址字段包括目的地址字段 DA 和源地址字段 SA，则下列说法错误的是（　　）。

A. 目的地址字段占 2 个字节，用于标识接收站的地址

B. 目的地址可以是单个地址，也可以是组地址或广播地址

C. 地址的长度必须与目的地址字段的长度相同，用于标识发送站的地址

D. 部地址是由网络管理员分配，且只在本网中有效的地址

56. SNMP 是面向（　　）的管理协议。

A．局域网　　B．城域网

C．广域网　　D．Internet

57. SNMP 协议处于 OSI 参考模型的（　　）。

A．网络层　　B．传输层

C．会话层　　D．应用层

58. 下列关于控制令牌的媒体访问控制方法的几种说法中，错误的是（　　）。

A．处于逻辑环外的站点能够接收数据帧，但是不能发送数据帧

B．无论是令牌环网还是令牌总线网，站点的物理连接次序就是逻辑环的次序

C．只有得到令牌的站点，才能发送数据帧

D．控制令牌沿着逻辑环的顺序由一个站点向下一个站点传递

59. 计算机网络通信采用同步和异步两种方式，但传送效率最高的是（　　）。

A．同步方式　　B．异步方式

C．异步与异步方式传送效率相同　　D．无法比较

60. 以下 xDSL 中，属于非对称型的是（　　）。

A．VDSL　　B．HDSL　　C．SDSL　　D．IDSL

二、填空题

请将答案分别写在答题卡中序号为【1】至【20】的横线上，答在试卷上不得分。

1. 工作站通常具有很强的图形处理能力，支持<u>【1】</u>图形端口。

2. Red Hat Enterprise Linux 是红帽企业 Linux 自动化战略的一个核心组件，该战略可以创建一个用于自动化的基础架构，包括虚拟化、<u>【2】</u>、高可用性等功能。

3. 通信线路的连接方式有点对点和<u>【3】</u>两种。

4. IP 地址分网络号码和当地号码两部分，其中<u>【4】</u>为某一个特定网络上的某一个主机的号码。

5. 阿帕网属于<u>【5】</u>交换网。

6. 将网络上的结点按工作性质与需要划分成若干个“逻辑工作组”，那么一个逻辑工作组就是一个<u>【6】</u>网络。

7. 网状拓扑的计算机网络特点是：系统可靠性高，但是【7】，必须采用路由器选择算法和流量控制方法。

8. 修改程序状态字、启动 I/O 操作等指令是特权指令，而算术运算指令、逻辑运算指令是【8】指令。

9. 在 IP 数据报分片后，通常由【9】负责数据报的重组。

10. 计算机网络是现代通信技术和【10】技术相结合的产物。

11. 【11】：攻击者在正常的软件中隐藏一段用于其他目的的程序，这段隐藏的程序段常常以安全攻击作为其最终目标。

12. TCP 可以为其用户提供可靠的、【12】、全双工的数据流传输服务。

13. 任何一个家庭用的微型机，机关、企业的用户计算机都必须首先连接到本地区的宽带主干网中，才能与【13】连接。

14. 如果系统中有 100 个进程，则在就绪队列中，进程的个数最多为【14】。

15. 在混合式（Hybrid Structure）P2P 网络中，根据结点的能力可将结点分为用户结点、搜索结点和【15】3 种类型。

16. WWW 服务器中所存储的页面是一种结构化的文档，通常采用【16】书写而成。

17. 在 OSI 参考模型中，不需要知道下层数据通信细节的最底层是【17】。

18. 从介质访问控制技术性质角度来看，CSMA / CD 属于【18】介质访问控制方法，而 Token Ring 和 Token Bus 则属于确定型介质访问控制方法。

19. 根据协议的作用范围，组播协议可分为【19】和路由协议两种。

20. 【20】是 Windows 2000 Server 最重要的新功能之一，它可将网络中各种对象组织起来进行管理，方便了网络对象的查找，加强了网络的安全性，并有利于用户对网络的管理。

第 11 套

一、选择题

下列各题 A、B、C、D 四个选项中，只有一个选项是正确的，请将正确选项涂写在答题卡相应位置上，答在试卷上不得分。

1. 世界上第一台电子数字计算机采用的主要逻辑部件是（　　）。
   A. 电子管　　B. 晶体管　　C. 继电器　　D. 光电管

2. 以下说法中错误的是（　　）。
   A. 环型拓扑构型中，节点通过相应的网卡，使用点—点连接线路，构成闭合的环型
   B. 环中数据沿着两个方向绕环逐站传输
   C. 为了确定环中每个节点在什么时候可以插入传送数据帧，同样要进行控制
   D. 在环型拓扑中，多个节点共享一条环通路

3. 以下操作系统中从（　　）开始是 32 位的操作系统。
   A. Windows 2.0　　B. DOS 5.0
   C. Windows 2.1　　D. DOS 4.0

4. Internet 最早来源于（　　）。
   A. ARPANet　　B. MILNet
   C. NSFNet　　D. Intranet

5. （　　）不是网络操作系统。
   A. Windows 98　　B. Unix　　C. Linux　　D. Netware

6. 下列说法中，错误的是（　　）。
   A. 网络电话必须要有 A / D 和 D / A 转换技术的支持
   B. JPEG 是关于彩色运动图像的国际标准
   C. 多媒体播放视频与音频不能吻合时，可以采用“唇”同步技术
   D. 超链接实现了超文本的非线性思维方式

7. 局域网中，用于异构网互联的网间连接器是（　　）。
   A. 网关　　B. 网桥　　C. 中继器　　D. 集线器

8. IP 数据报的格式可以分为（　　）。

A．报头区、数据区、报尾区　　B．数据区、报尾区
C．报头区、数据区　　D．报头区、报尾区

9．（　　）不是局域网主要采用的传输介质。
A．双绞线　　B．同轴电缆　　C．光纤　　D．微波

10．关于奔腾处理器体系结构的描述中，错误的是（　　）。
A．分支目标缓存器用来动态预测程序分支的转移情况
B．超流水线的特点是设置多条流水线同时执行多个处理
C．哈佛结构是把指令和数据分别进行存储
D．现在已经由单纯依靠提高主频转向多核技术

11．（　　）拓扑结构是在局域网中最常采用的。
A．星型　　B．令牌环　　C．FDDI　　D．总线

12．我们常说的“Novell 网”是指采用（　　）操作系统的局域网系统。
A．UNIX　　B．Netware　　C．Linux　　D．Windows NT

13．误码率是指二进制码元在数据传输系统中被传错的（　　）。
A．比特数　　B．字节数
C．概率　　D．速率

14．关于 OSI 参考模型层次划分原则的描述中，错误的是（　　）。
A．各结点都有相同的层次
B．不同结点的同等层具有相同的功能
C．高层使用低层提供的服务
D．同一结点内相邻层之间通过对等协议实现通信

15．现行 IP 地址采用（　　）标记法。
A．点分十进制　　B．点分十六进制
C．冒号十进制　　D．冒号十六进制

16．以下关于城域网建设的描述中，不正确的是（　　）。
A．传输介质采用光纤
B．传输协议采用 FDDI
C．交换节点采用基于 IP 的高速路由技术
D．体系结构采用核心交换层、业务汇聚层与接入层 3 层模式

17．在 Token Bus 与 Token Ring 的讨论中，以下哪些是环维护工作需要完成的任务。（　　）
Ⅰ．环初始化

Ⅱ. 用户使用权限
Ⅲ. 新节点加入与撤出环
Ⅳ. 优先级
Ⅴ. 操作系统版本更新
A. Ⅰ、Ⅱ、Ⅲ　B. Ⅰ、Ⅱ、Ⅴ　C. Ⅰ、Ⅱ、Ⅳ　D. Ⅱ、Ⅴ

18. 为了利用 SSL 协议在浏览器与 Web 站点之间传输加密信息，下面叙述正确的是（　　）。
A. 浏览器需要安装数字证书而 Web 站点不需要
B. Web 站点需要安装数字证书而浏览器不需要
C. 浏览器与 Web 站点都需要安装数字证书
D. 浏览器与 Web 站点都不需要安装数字证书

19. 城域网是介于（　　）之间的一种高速网络。城域网设计的目标是要满足几十公里范围内的大量企业、机关、公司的多个局域网互联的需求。
A. 广域网与局域网　B. 局域网与局域网
C. 广域网与广域网　D. 都不对

20. 10 BAST-T 中的 T 表明所使用的传输介质类型是（　　）双绞线。
A. 基带　B. 频带　C. 非屏蔽　D. 屏蔽

21. 存储器段页式管理中，地址结构由（　　）三部分组成。
A. 段号、页号和页内相对地址
B. 起始地址、终止地址和空间长度
C. 段表、页表、空闲页表
D. 段首地址、页首地址和页内相对地址

22. 下列关于简单网络管理协议（SNMP）的说法中，错误的是（　　）。
A. SNMP 采用轮询监控的方式
B. SNMP 是目前最为流行的网络管理协议
C. SNMP 位于开放系统互联参考模型的应用层
D. SNMP 采用客户 / 服务器模式

23. 局域网交换机的特性是（　　）。
Ⅰ. 低交换延迟
Ⅱ. 高传输带宽
Ⅲ. 允许 10 Mbps / 100 Mbps 共存
Ⅳ. 局域网交换机可以支持虚拟局域网服务
A. Ⅰ、Ⅱ、Ⅲ　B. Ⅰ、Ⅱ、Ⅳ　C. Ⅰ、Ⅱ　D. Ⅰ、Ⅱ、Ⅲ和Ⅳ

24. 在进程状态转换时，（　　）状态转换是不可能发生的。

A．就绪→运行　　B．运行→就绪
C．运行→等待　　D．等待→运行

25．利用数学计算进行模拟被称为（　　）。
A．物理模拟　　B．数学模拟
C．概率模拟　　D．确定性模拟

26．早期的非对等网络操作系统中，硬盘服务器将共享的硬盘空间划分成为多个虚拟盘体，虚拟盘体可分为三个部分，以下不是其中之一的是（　　）。
A．公用盘体　　B．专用盘体
C．共享盘体　　D．备份盘体

27．在视频会议上，如果报告人的口型与声音不同步，人们就会感觉不舒服。这个问题在网络研究领域中属于（　　）的研究范围。
A．网络管理　　B．异构性
C．服务质量　　D．可伸缩性

28．网络层的主要任务是提供（　　）。
A．进程通信服务　　B．端－端连接服务
C．路径选择服务　　D．物理连接服务

29．在 Windows 2000 家族中，运行于客户端的通常是（　　）。
A．Windows 2000 Server
B．Windows 2000 Professional
C．Windows 2000 Datacenter Server
D．Windows 2000 Advanced Server

30．在网络管理系统的逻辑模型中，（　　）用于在管理系统与管理对象之间传递操作命令，负责解释管理操作命令。
A．管理对象　　B．管理进程
C．管理信息库　　D．管理协议

31．下列关于电子邮件的说法中，正确的是（　　）。
A．电了邮件和电话一样，收发双方都必须在场
B．电子邮件可以实现一对多的传送
C．在电子邮件中，如果传送图像或语音会造成数据丢失
D．电子邮件比电话更具人情味

32．为了安装方便和确保通信质量，通常购买（　　）网卡。
A．内置　　B．外置

C. 56 Kbps　　D. 32 Kbps

33. 在因特网中，主机通常是指（　　）。

A. 路由器　　B. 交换机　　C. 集线器　　D. 服务器与客户机

34. HTTP 会话层过程包括（　　）几个步骤。

A. 连接、请求、应答、关闭　　B. 请求、应答、关闭

C. 连接、请求、关闭　　D. 请求、应答

35. 在两台机器上的 TCP 协议之间传输的数据单元叫做（　　）。

A. 分组　　B. 消息　　C. 报文　　D. 原语

36. 在 IP 数据报中，如果报头长度域的数值为 3，那么该报头的长度为（　　）位。

A. 64　　B. 72

C. 80　　D. 96

37. 在构成局域网时不能省略的是（　　）。

A. 网络硬件　　B. 网络软件

C. A 和 B 都不能省略　　D. A 和 B 都可以省略

38. IP 地址的 32 位二进制数被分成（　　）段。

A. 2　　B. 3　　C. 4　　D. 5

39. IP 数据报在穿越因特网过程中有可能被分片。在 IP 数据报分片以后，通常由（　　）设备进行重组。

A. 源主机　　B. 目的主机

C. 转发路由器　　D. 转发交换机

40. 在 IEEE 802.3MAC 帧格式中，目的地址字段 DA 用于标识接收站点的地址，若该地址仅指定网络上某个特定站点，则此地址是（　　）。

A. 局部地址　　B. 广播地址

C. 组地址　　D. 单个地址

41. 在一个采用粗缆作为传输介质的以太网中，两个节点之间的距离超过 500m，那么最简单的方法是选用（　　）来扩大局域网范围。

A. Repeater　　B. Bridge　　C. Router　　D. Gateway

42. 目前人们普遍采用的用 Ethernet 组建企业网的全面解决方案是：桌面系统采用传输速率为 10 Mbps 的 Ethernet，部门级系统采用速率为 100 Mbps 的 Fast Ethernet，企业级系统采用传输速率为（　　）。

A. FDDI　　B. ATM　　C. Mobil LAN　　D. Gigabit Ethernet

43. 通用网络管理协议是为了解决（　　）而产生的。
A. 网络产品管理系统的不兼容问题
B. 管理工作人员操作的不方便问题
C. 网络管理的体系化问题
D. 以上都是的

44. 在讲到客户机 / 服务器时，客户机和服务器（　　）。
A. 必定运行于同一台计算机　　B. 不必运行于同一台计算机
C. 必定运行于不同台计算机　　D. 都是特别指定的设备

45. 在作业调度算法中，对长、短作业都比较公平的是（　　）。
A. 先来先服务算法　　B. 短作业优先算法
C. 最高响应比作业优先算法　　D. 资源搭配算法

46. 关于 Ethernet 网卡分类方法的描述中，错误的是（　　）。
A. 可按支持的主机总线类型分类　　B. 可按支持的传输速率分类
C. 可按支持的传输介质类型分类　　D. 可按支持的帧长度分类

47. 在 Netware 环境中，访问一个文件的正确路径是（　　）。
A. 文件服务器名 \ 卷名：目录名 \ 子目录名 \ 文件名
B. 文件服务器名 \ 卷名 \ 目录名 \ 子目录名 \ 文件名
C. 文件服务器名 \ 卷名—目录名 \ 子目录名 \ 文件名
D. 文件服务器名 \ 卷名 目录名 \ 子目录名 \ 文件名

48. 在对称密码体制中，（　　）是相同的。
A. 明文和密文　　B. 加密算法和解密算法
C. 公钥和私钥　　D. 加密密钥和解密密钥

49. IE 浏览器将因特网世界划分为因特网区域、本地 Intranet 区域、可信站点区域和受限站点区域的主要目的是（　　）。
A. 保护自己的计算机　　B. 验证 Web 站点
C. 避免他人假冒自己的身份　　D. 避免第 3 方偷看传输的信息

50. （　　）不属于电子邮件系统的主要组成部分。
A. 报文存储器　　B. 报文传送代理
C. 用户代理　　D. 路由器

51. 下列关于以太网网卡地址的说法中，正确的是（　　）。

A. 在世界范围内唯一　　　　B. 在世界范围内不唯一
C. 在一定范围内唯一　　　　D. 在一定范围内不唯一

52. 当前的网络管理中最常用的网络管理标准系统是（　　）。
A. SNMP 管理协议
B. CMIP 管理协议
C. IEEE 802.10 管理协议
D. 异构系统的管理协议

53. ITU-T 国际电信联盟电信标准化局的前身是（　　）。
A. CCITT　　B. IEEE　　C. ECMA　　D. ANSI

54. 在进程控制块中，进程名属于（　　）的内容。
A. 调度信息　　　　B. 现场信息
C. 控制信息　　　　D. 操作信息

55. E-mail 是（　　）的英文缩写。
A. 远程查询　　　　B. 文件传输
C. 电子邮件　　　　D. 远程录入

56. 关于 Windows 的描述中，错误的是（　　）。
A. 它是多任务操作系统　　　　B. 内核有分时器
C. 可使用多种文件系统　　　　D. 不需要采用扩展内存技术

57. 将邮件从邮件服务器下载到本地主机的协议为（　　）。
A. SMTP 和 FTP　　　　B. SMTP 和 POP3
C. POP3 和 IMAP　　　　D. IMAP 和 FTP

58. 对网络安全没多少影响的因素是（　　）。
A. 环境　　　　B. 丰富的网络资源
C. 资源共享　　　　D. 计算机病毒

59. 异步传输模式 ATM 是以信元为基础的分组交换技术。从通信方式看，它属于（　　）。
A. 异步串行通信　　　　B. 异步并行通信
C. 同步串行通信　　　　D. 同步并行通信

60. ATM 的信元的信息字段由（　　）个字节构成。
A. 48　　B. 53　　C. 65　　D. 128

二、填空题

请将答案分别写在答题卡中序号为【1】至【20】的横线上，答在试卷上不得分。

1. 通信双方同等进程或同层实体通过协议进行的通信称为虚通信，通过物理介质进行的通信称为【1】通信。

2. 常用的验错主要有两大类别：【2】校验码和冗余校验码。

3. 管理器和被管代理的信息交换工作的【3】和数据格式由管理协议来规定，而信息则存储在被管对象和管理工作站上的管理信息库中。

4. 计算机网络拓扑反映出网络中各实体之间的结构关系，是通过网中结点与通信线路之间的【4】表示网络结构。

5. 在 OSI 参考模型中，服务原语划分为四种类型，分别为请求（Request），指示（Indica-tion），【5】和确认（Confirm）。

6. 存储管理的方法有：页式存储管理、段式存储管理和【6】。

7. 各种网络互联设备中，【7】可以完成不同网络协议之间的转换。

8. 如果结点 IP 地址为 192.0.0.12，屏蔽码为 255.255.0.0，那么该结点所在子网的网络地址是【8】。

9. TCP / IP 参考模型的传输层定义了两种协议，即【9】和用户数据报协议 UDP。

10. 在美国国防部定义的安全准则（TCSEC）中，【10】级的安全性最低。

11. 网络协议主要由 3 个要素组成，它们是语法、【11】和时序。

12. 以太网所采用的通信协议是【12】。

13. 在因特网的域名系统的顶级域中，表示商业组织的域名为【13】。

14. 用户接入因特网通常采用两种方法：一是通过电话线直接与 ISP 连接，另一种是连接到已经接入因特网的【14】上。

15. 【15】解决以何种次序对各就绪进程进行处理机分配，以及按何种时间比例让进程占用处理机。

16. 目前，因特网使用的 IP 协议的版本号为【16】。

17. 网络操作系统的系统容错技术一般采用三级，第三级系统容错提供了【17】功能。

18. 证书经证书授权中心数字签名，它包含证书拥有者的基本信息和【18】。

19. 局域网的拓扑结构分为:【19】、环型、星型和树型四种不同的类型。

20. 在互连中继系统的分层结构中路由器是工作在【20】上的，通常它只能连接相同协议的网络。

第12套

一、选择题

下列各题A、B、C、D四个选项中，只有一个选项是正确的，请将正确选项涂写在答题卡相应位置上，答在试卷上不得分。

1．操作系统具有进程管理的功能，在以下有关进程管理的描述中，正确的是（　　）。
A．进程管理主要是对程序进行管理
B．进程管理主要是对作业进行管理
C．进程管理就是在进程的整个生命周期对进程的各种状态之间的转换进行控制
D．进程管理主要是对进程进行管理，也涉及作业和程序管理

2．关于PC机硬件的描述中，以下说法正确的是（　　）。
A．目前处理器最高是32位微处理器，64位虽然理论成型但还没有研制成功
B．微处理器主要由运算器和控制器组成
C．CPU中的Cache是为解决CPU与外设的速度匹配而设计的
D．固化常用指令是指将指令存在硬盘中

3．在计算机网络中负责信息处理的部分称为（　　）。
A．通信干网　　B．交换网　　C．资源子网　　D．工作站

4．相关信息混乱甚至矛盾的决策过程称为（　　）。
A．结构化决策　　B．半结构化决策
C．非结构化决策　　D．随机决策

5．MMX技术是指（　　）。
A．多媒体扩充技术　　B．网络传输技术
C．数据加密技术　　D．数据压缩技术

6．在CSMA / CD总线的实现模型中，（　　）之间的接口，提供每个操作的状态信息，以供高一层差错恢复规程所用。
A．MAC子层和 LLC子层　　B．MAC子层和物理层
C．LLC子层和物理层　　D．物理层和网际层

7．在HFC接入技术中，用户是使用（　　）访问因特网的。
A．电缆调制解调器　　B．千兆以太网

C．防火墙　　D．无线局域网

8．ICMP 的控制报文分为（　　）类。

A．2　　B．3　　C．4　　D．5

9．城域网的建设方案多种多样，但有一些共同的特点，以下（　　）不是其中包括的。

A．传授介质采用光纤

B．体系结构上采用三层模式

C．要适应不同协议不同类型用户的接入需要

D．交换节点采用功能强大的大型机

10．下列叙述不正确的是（　　）。

A．进程是由操作系统依据程序创建的

B．进程有生命周期

C．进程不会被停止

D．进程完成后会被撤销

11．下列网络系统要素中，网络攻击的主要目标是（　　）。

A．劫持系统管理员，索取网络机密

B．无偿使用主机资源

C．破坏硬件系统

D．盗取或篡改数据

12．常用的数据传输速率单位有 Kbps、Mbps、Gbps。如果局域网的传输速率为 1 Mbps，那么发送 5 000 bit 数据需要的时间是（　　）。

A．2×10^{-9} s　　B．2×10^{-6} s

C．5×10^{-3}s　　D．5×10^{-6} s

13．下列不属于 C2 级操作系统的是（　　）。

A．Unix　　B．XENIX　　C．Novell 3.X　　D．Windows 95

14．关于网络配置管理的描述中，错误的是（　　）。

A．可以识别网络中的各种设备　　B．可以设置设备参数

C．设备清单对用户公开　　D．可以启动和关闭网络设备

15．在 TCP / IP 参考模型中，传输层的主要作用是在互联网络的源主机与目的主机对等实体之间建立用于会话的（　　）。

A．点—点连接　　B．操作连接

C．端—端连接　　D．控制连接

16. 下列关于 SDH 技术的叙述中，错误的是（　　）。
A. SDH 信号最基本的模块信号是 STM-1
B. SDH 的帧结构是块状帧
C. SDH 的帧可以分为 3 个主要区域
D. SDH（同步数字体系）仅适用于光纤

17. 计算机联入网络以后，会增加的功能是（　　）。
A. 共资源与分担负荷　　B. 实现实时管理
C. 可使用他人资源　　D. 以上都对

18. 下列关于计算机网络拓扑的表述中，错误的是（　　）。
A. 计算机网络拓扑是通过网中节点与通信线路之间的几何关系表示网络结构
B. 计算机网络拓扑结构对网络性能有重大影响
C. 计算机网络拓扑主要指的是资源子网的拓扑构型
D. 计算机网络拓扑结构对网络的通信费用都有重大影响

19. 在总线型拓扑结构网络中，每次可传输信号的设备数目为（　　）。
A. 1 个　　B. 3 个　　C. 2 个　　D. 任意多个

20. 在认证过程中，如果明文由 A 发送到 B，那么对明文进行签名的密钥为（　　）。
A. A 的公钥　　B. A 的私钥
C. B 的公钥　　D. B 的私钥

21. 网络操作系统的基本任务是：屏蔽本地资源与网络资源的差异性，为用户提供各种基本网络服务功能，完成网络共享系统资源的管理，并提供网络系统的（　　）。
A. 多媒体服务　　B. WWW 服务
C. 安全性服务　　D. E-mail 服务

22. 计算机网络才用层次结构，好处是（　　）。
Ⅰ. 灵活性好　　Ⅱ. 各层之间相互独立
Ⅲ. 各层实现技术的改变不影响其他层
Ⅳ. 易于实现和维护　　Ⅴ. 有利于促进标准化
A. Ⅰ、Ⅱ、Ⅲ　　B. Ⅰ、Ⅲ、Ⅳ
C. Ⅰ、Ⅱ、Ⅳ、Ⅴ　　D. 都是

23. 关于 NetWare 基于网络安全的需要，网络操作系统一般提供四级安全保密机制：注册安全性、用户信任者权限与（　　）。
Ⅰ. 最大信任者权限屏蔽　　Ⅱ. 物理安全性
Ⅲ. 目录与文件属性　　Ⅳ. 协议安全性
A. Ⅰ、Ⅳ　　B. Ⅰ、Ⅱ

C. Ⅰ、Ⅲ　　D. Ⅲ、Ⅳ

24. 对于多道批处理系统，正确的是（　　）。
A. 减少各个作业的执行时间　　B. 增加单位时间内作业的吞吐量
C. 减少单位时间内作业的吞吐量　　D. 减少部分作业的执行时间

25. 虚拟局域网通常采用IP广播组地址、MAC地址、网络层地址或（　　）。
A. 物理网段定义　　B. 操作系统定义
C. 交换机端口号定义　　D. 网桥定义

26. 在（　　）操作系统工作时，作业一旦进入系统，用户就不能直接干预具体作业的运行。
A. 实时　　B. 分时　　C. 批处理　　D. 单用户

27. 在网络管理的五个功能中，确定设备的地理位置、名称、记录并维护设备参数表的功能属于（　　）。
A. 配置管理　　B. 性能管理
C. 故障管理　　D. 计费管理

28. 下列任务（　　）不是网络操作系统的基本任务。
A. 明确本地资源与网络资源之间的差异
B. 为用户提供基本的网络服务功能
C. 管理网络系统的共享资源
D. 提供网络系统的安全服务

29. 从通信网络传输方面划分，只在源和目的结点之间进行加密解密的技术称为（　　）。
A. 链路加密方式　　B. 节点到节点方式
C. 端到端方式　　D. 可逆加密

30. 进程在其生命周期内的三种状态是（　　）。
A. 运行、阻塞和等待　　B. 就绪、阻塞和等待
C. 运行、就绪和等待　　D. 以上都不对

31. 下列关于调制解调器的叙述，错误的是（　　）。
A. 目前国内市场上调制解调器的最高速率可达2 Mbps
B. 调制解调器又称为猫
C. 调制解调器有内置和外置之分
D. 以上都不对

32. SMTP提供的是（　　）。
A. Web服务　　B. 电子邮件服务

C．文件传输服务　　D．域名解析服务

33．下列关于加密的说法中，错误的是（　　）。

A．需要进行变换的原数据称为明文

B．变换后得到的数据称为密文

C．不对称型加密使用单个密钥对数据进行加密或解密

D．将原数据变换成一种隐蔽的形式的过程称为加密

34．在 linda.cs.yale.edu，主机名是（　　）。

A．edu　　B．linda.cs

C．linda.cs.yale　　D．linda.cs.yale.edu

35．如果借用一个 C 类 IP 地址的主机号部分划分子网，若想使子网中至少有 16 个 IP 可分配给主机，那么子网屏蔽码应该是（　　）。

A．255.255.255.192　　B．255.255.255.224

C．255.255.255.240　　D．255.255.255.248

36．Internet 上使用最广泛的一种服务是（　　）。

A．电子邮件 E-mail　　B．专题讨论 Usenet

C．文件传输 FTP　　D．电子公告板系统 BBS

37．下列关于加密的说法中，正确的是（　　）。

A．对称型加密技术有两个密钥

B．不对称型加密算法计算量小、效率高

C．不可逆加密算法的特征是加密过程不需要密钥

D．以上都不对

38．关于因特网的域名系统，以下说法正确的是（　　）。

A．域名解析需要借助于一组既独立又协作的域名服务器完成

B．不允许在两个不同的域中有相同的下一级域名

C．域名解析总是从根域名服务器开始

D．域名解析包括依次解析和反复解析两种方式

39．下列关于广域网和局域网区别的叙述中，有（　　）条是正确的。

Ⅰ．局域网在地理范围上要小于广域网

Ⅱ．局域网的综合业务处理能力强

Ⅲ．局域网的设备接口标准是开放的

Ⅳ．局域网使用的传输介质种类比广域网要多

A．0　　B．1　　C．2　　D．3

40. 对于中继器、集线器和网桥来说，下列说法比较准确的是（　　）。

A．使用中继器来分割网络，提高网络能力

B．使用集线器来改变网络物理拓扑，提高网络速率

C．使用网桥来分段网络，可以提高网络速率

D．通过网桥互连的网络将是一个更大的网络

41. 衡量系统效率的尺度是（　　）。

A．计算机主频　　B．硬盘大小　　C．系统吞吐量　　D．以上都不对

42. 如果没有特殊声明，匿名 FTP 服务登录口令为（　　）。

A．user　　B．anonymous

C．guest　　D．用户自己的电子邮件地址

43.（　　）是用来解决信息高速公路中“最后一公里”问题的。

A．ATM　　B．FTTH

C．SDH　　D．EDI

44. 防火墙的功能中没有（　　）。

A．控制信息流和信息包

B．隐蔽内部的 IP 地址和网络结构细节

C．防止灾难性信息的蔓延

D．提供日志和审计

45. 为了验证带数字签名邮件的合法性，电子邮件应用程序（如 Outlook Express）会向（　　）。

A．相应的数字证书授权机构索取该数字标识的有关信息

B．发件人索取该数字标识的有关信息

C．发件人的上级主管部门索取该数字标识的有关信息

D．发件人使用的 ISP 索取该数字标识的有关信息

46. 个人用户通过 SLIP / PPP 接入 Internet 时，用户需要准备的条件是：一个 Modem、一条电话线、SLIP / PPP 软件与（　　）。

A．网卡　　B．向 ISP 或校园网网管中心申请一个用户账号

C．TCP / IP 协议　　D．IP 地址

47. 在令牌环网中，当数据帧在循环时，令牌在（　　）。

A．接收站点　　B．发送站点

C．环中循环　　D．上面任何一个均不是

48. 关于 UNIX 操作系统特性的描述中，正确的是（　　）。

A．UNIX 是一个单用户、多任务的操作系统，用户可运行多个进程

B. UNIX 本身由汇编语言编写，易读、易移植、运行速度快
C. 它提供了功能强大的 Shell 编程语言，但使用不够简捷
D. 它的树结构文件系统有良好的安全性和可维护性

49. 运行于客户端的操作系统是（　　）。
A. Windows 2000 professional
B. Windows 2000 Server
C. WIndows 2000 Datacenter Server
D. Windows 2000 Advanced Server

50. 形式为 192.9.22.21 的 IP 地址属于（　　）IP 地址。
A. A 类　B. B 类　C. C 类　D. D 类

51.（　　）技术不是实现防火墙的主流技术。
A. 包过滤技术
B. 应用级网关技术
C. 代理服务器技术
D. NAT 技术

52. 在虚拟页式存储管理方案中，（　　）部分完成将页面调入内存的工作。
A. 缺页中断处理
B. 工作集模型应用
C. 页面淘汰过程
D. 紧缩技术利用

53. 现行 IP 地址由（　　）位二进制数组成。
A. 16　B. 32　C. 64　D. 128

54. 使用二进制退避算法，是为了降低再次发生冲突的概率；下列数据帧中发送成功的概率最大的是（　　）。
A. 首次发送的帧
B. 冲突 2 次的帧
C. 冲突 4 次的帧
D. 冲突 8 次的帧

55. 一台主机的域名为 www.hi.com.cn，那么这台主机一定（　　）。
A. 支持 FTP 服务
B. 支持 WWW 服务
C. 支持 DNS 服务
D. 以上三种说法都是错误的

56. 在传输技术中，（　　）没有全球统一的光接口标准。
A. PDH　B. SDH　C. VDH　D. UDH

57. 超文本与普通文本的主要区别是（　　）。
A. 超文本必须包括多媒体信息
B. 超文本的信息量超过了普通文本
C. 超文本含有指向其他文本的链接点
D. 超文本必须在浏览器中显示

58. ATM 信元的组成是（　　）。

A. 5 字节信头，48 字节信息字段

B. 3 字节信头，50 字节信息字段

C. 15 字节信头，38 字节信息字段

D. 8 字节信头，45 字节信息字段

59. 为了预防计算机病毒，应采取的正确措施是（　　）。

A. 每天都要对硬盘和软盘进行格式化

B. 不玩任何计算机游戏

C. 不同任何人交流

D. 不用盗版软件和来历不明的磁盘

60. 下列命令中，属于管理员专用的是（　　）。

A. MAKEUSER　　B. LISTDIR

C. FLAGDIR　　D. CASTOFF

二、填空题

请将答案分别写在答题卡中序号为【1】至【20】的横线上，答在试卷上不得分。

1. 在 ISO / OSI 标准中，网络服务按质量可划分为 A、B 和 C 型网络服务三种类型，其中【1】具有不可接受的残留差错率。

2. 符合电视质量的视频和音频压缩形式的国际标准是 MPEG，而【2】是彩色或单色静止图像的国际标准。

3. 计算机网络利用通信线路将不同地理位置的多个自治的计算机系统连接起来，以实现【3】。

4. 要在 WWW 服务器上检索和显示超级文本，就必须使用【4】。

5. 允许双向传输，但一个时刻下只允许一个方向的传输为【5】。

6. 无线自组网是一种特殊的自组织、对等式、【6】的无线移动网络。

7. 局域网中任何两个节点之间都可以直接实现通信。【7】操作系统可以提供共享硬盘、共享打印机、电子邮件、共享屏幕与共享 CPU 服务。

8. 在因特网中，WWW 服务系统使用的信息传输协议是【8】。

9. 交换式局域网的核心设备是【9】，它可以在它的多个端口之间建立多个并发连接。

10. 在高速主干网、数据仓库、桌面电视会议、3D 图形与高清晰度图像应用中，一般采用【10】Mbps 以太网。

11. SDH【11】不仅适用于光纤，而且适用于微波和卫星传输的通用型技术体制。

12. Solaris 10 操作系统获得业界支持，它的桌面已经窗口化和菜单化。新的【12】界面使人感到亲近和舒适。

13. 超文本与【13】是 WWW 的信息组织形式。

14. 局域网操作系统可分为两类:【14】型和通用型。

15. 宽带网络可以分为【15】、交换网和接入网 3 部分。

16. 源路由攻击属于【16】。

17. 网络管理的三个原则是：多人负责原则、【17】和职责分离原则。

18. 驻留在被管对象上配合网络管理等处理实体称为【18】。

19. IP 协议有两个版本，即【19】和 IPv6。

20. 电子邮件应用程序向邮件服务器传送邮件通常使用【20】协议。

第 13 套

一、选择题

下列各题 A、B、C、D 四个选项中，只有一个选项是正确的，请将正确选项涂写在答题卡相应位置上，答在试卷上不得分。

1. 因特网的前身是美国（　　）。
   A. 商务部的 X25Net　　B. 国防部的 ARPANet
   C. 军事与能源的 MILNet　　D. 科学与教育的 NSFNet

2. 在因特网接入的电信业务中，所谓的“超级一线通”指的是（　　）。
   A. ADSL　　B. CDMA
   C. ATM　　D. HFC

3. 在（　　）计算机时期出现了编译程序。
   A. 第一代　　B. 第二代　　C. 第三代　　D. 第四代

4. 主板又称为母板，它的分类方法很多。所谓 SCSI 或 EDO、AGP 主板，这种分类的依据是按（　　）。
   A. CPU 芯片　　B. CPU 插座　　C. 数据端口　　D. 扩展槽

5. 对于不同地点的数据库和不同的操作系统，不能实现操作统一的计算机局域网二层模式是（　　）。
   A. 并行计算模式　　B. 客户端 / 服务器模式
   C. 分布计算模式　　D. 浏览器 / 服务器模式

6. 所谓密钥是指（　　）。
   A. 不能公开的开锁钥匙
   B. 和密文相对的钥匙
   C. 加密或解密时用来猜测明文的数据
   D. 加密或解密时配合算法所用的一组数据

7. UNIX 操作系统区别于 Windows 95 的主要特点是（　　）。
   A. 具有多用户分时功能　　B. 提供图形用户界面
   C. 文件系统采用多级目录结构　　D. 提供字符用户界面

8．IPv6 的地址长度为（　　）。

A．32 位　　B．64 位

C．128 位　　D．256 位

9．通信软件的下述功能中，不属于数据操作功能的是（　　）。

A．字符过滤　　B．文件传输

C．终端仿真　　D．数据压缩

10．在有关软件开发的过程中，下述说法不完整的是（　　）。

A．软件生命周期分为计划、开发和运行 3 个阶段

B．在开发前期要进行总体设计、详细设计

C．在开发后期要进行编写代码、软件测试

D．运行阶段主要是进行软件维护

11．SMTP 是（　　）。

A．电子邮件协议　　B．文件传输协议

C．网络终端协议　　D．网络文件系统

12．IP（Internet Protocol）是指网际协议，它对应于开放系统互联参考模型 OSI 七层中的（　　）。

A．物理层　　B．数据链路层　　C．传输层　　D．网络层

13．Internet 的 DNS 与网络协议的关系（　　）。

A．是 TCP / IP 协议应用层次的一个组成部分

B．支持 IPX / SPX 协议

C．支持任何链路层协议

D．与网络协议无关

14．一个网络协议主要由以下三个要素组成：语法、语义与时序。其中语法规定了（　　）的结构与格式。

Ⅰ．用户数据　　Ⅱ．服务原语

Ⅲ．控制信息　　Ⅳ．应用程序

A．Ⅰ和Ⅱ　　B．Ⅰ和Ⅲ　　C．Ⅰ、Ⅱ和Ⅳ　　D．Ⅱ和Ⅳ

15．对于允许多个进程共享的公共区域，每个进程都有自己的访问权限，目的是（　　）。

A．防止地址越界　　B．防止越权操作

C．共享内存　　D．虚拟内存

16．不属于计算机网络的体系结构特点的是（　　）。

A．是抽象的功能定义

B．是以高度结构化的方式设计的
C．是分层结构，是网络各层及其协议的集合
D．在分层结构中，上层必须知道下层是怎样实现的

17．联网计算机在相互通信时必须遵循统一的（　　）。
A．软件规范　　B．网络协议　　C．路由算法　　D．安全规范

18．下列说法中，正确的是（　　）。
A．软件和硬件是经过科学家严格定义的科学术语
B．计算机只要有硬件就能工作，买不买软件无所谓
C．软件与硬件在功能上具有等价性
D．硬件和软件的界限正在模糊，很难区分

19．中国教育科研计算机网的缩写是（　　）。
A．EDUNET　　B．CERNET
C．ChinaNET　　D．CSTNET

20．内存属于（　　）。
A．永久性资源　　B．临时性资源
C．动态资源　　D．静态资源

21．如果在通信信道上发送1比特信号所需要的时间是0.001μs，那么信道的数据传输速率为（　　）。
A．1Mbps　　B．10 Mbps　　C．100 Mbps　　D．1Gbps

22．网络操作系统为支持分布式服务功能，提出了一种新的网络资源管理机制，即（　　）。
A．目录服务　　B．分布式目录服务
C．数据库服务　　D．活动目录服务

23．计算机网络的远程通信通常采用（　　）。
A．基带传输　　B．频带传输　　C．宽带传输　　D．数字传输

24．交换式局域网从根本上改变了“共享介质”的工作方式，它可以通过局域网交换机支持端口之间的多个并发连接。因此，交换式局域网可以增加网络带宽，改善局域网性能与（　　）。
A．服务质量　　B．网络监控
C．存储管理　　D．网络拓扑

25．Intranet是采用Internet技术的企业内部网，主要技术体现在（　　）。
A．TCP / IP　　B．Office 97　　C．Web　　D．E-mail

26. 下列关于加密的说法中，正确的是（　　）。

A．RSA 是一种常用的对称加密算法

B．DES 是一种不对称加密算法

C．不对称加密的密钥是公开的

D．以上都不对

27. Unix 历尽沧桑而经久不衰，Solaris 是 Unix 举足轻重的成员。该产品是属于（　　）公司的。

A．IBM　　B．SUN　　C．Cisco　　D．HP

28. 以下关于数据报工作方式的描述中，不正确的是（　　）。

A．同一报文的不同分组可以由不同的传输路径通过通信子网

B．在每次数据传输前必须在发送方与接收方之间建立一条逻辑连接

C．同一报文的不同分组到达目的节点时可能出现乱序、丢失现象

D．每个分组在传输过程中都必须带有目的地址与源地址

29. 下列关于 ISP 的叙述中，错误的是（　　）。

A．ISP 的中文名称是因特网服务提供商

B．ISP 是用户接入因特网的入口

C．ISP 可以提供电子邮件服务

D．ISP 不提供信息发布代理服务

30. 在 ATM 的配置管理中，不需要的是（　　）。

A．ATM 的系统参数　　B．ATM 各端口的状态

C．ATM 路由表　　D．路由上的测试管理

31. 关于 Unix 操作系统的基本特性，以下说法错误的是（　　）。

A．Unix 是一个支持多任务、多用户的操作系统

B．Unix 提供了功能强大的 Shell 编程语言

C．Unix 的网状文件系统有良好的安全性和可维护性

D．Unix 提供了多种通信机制

32. 把模拟量变为数字量的过程称为（　　）。

A．A / D 转换　　B．D / A 转换　　C．调制　　D．解调

33. 关于 I/O 系统的描述中，正确的是（　　）。

A．文件 I/O 是为应用程序提供所需的内存空间

B．设备 I/O 通过 VFAT 虚拟文件表寻找磁盘文件

C．文件 I/O 通过限制地址空间来避免冲突

D．设备 I/O 负责与键盘、鼠标、串口、打印机对话

34. 关于 IP 协议，以下说法错误的是（　　）。

A. IP 协议是面向无连接的

B. IP 协议定义了 IP 数据报的具体格式

C. IP 协议要求上层必须使用相同的协议

D. IP 协议为网络层提供服务

35. 计算机高级程序语言一般可分为编译型和解释型两类，下述（　　）语言一般是编译型语言。

Ⅰ. Java　　Ⅱ. FORTRAN　　Ⅲ. C

A. Ⅰ　　B. Ⅱ

C. Ⅲ　　D. Ⅱ和Ⅲ

36. 一座建筑物内的几个办公室要实现连网，应该选择的方案属于（　　）。

A. PAN　　B. LAN　　C. MAN　　D. WAN

37. 在因特网中，路由器必须实现的网络协议为（　　）。

A. IP　　B. IP 和 HTTP

C. IP 和 FTP　　D. HTTP 和 FTP

38. 关于 Windows 服务器的描述中，正确的是（　　）。

A. 服务器软件以"域"为单位实现对网络资源的集中管理

B. 域仍然是基本的管理单位，可以有两个以上的主域控制器

C. 服务器软件内部采用 16 位扩展结构，使内存空间达 4 GB

D. 系统支持 NetBEUI

39. 在（　　）中，每一对通信的计算机都可以使用网络的全部信道带宽。

A. 共享介质局域网　　B. 交换局域网

C. 共享交换局域网　　D. 交换介质局域网

40. 在因特网电子邮件系统中，下列关于电子邮件应用程序的表述中，错误的是（　　）。

A. 发送邮件使用 SMTP 协议

B. 接收邮件通常使用 POP3 协议

C. 接收邮件通常使用 IMAP 协议

D. 发送邮件使用 POP3 协议

41. 关于远程登录，以下说法不正确的是（　　）。

A. 远程登录定义的网络虚拟终端提供了一种标准的键盘定义，可以用来屏蔽不同计算机系统对键盘输入的差异性

B. 远程登录利用传输层的 TCP 协议进行数据传输

C. 利用远程登录提供的服务，用户可以使自己的计算机暂时成为远程计算机的一个仿

真终端

D. 为了执行远程登录服务器上的应用程序，远程登录的客户端和服务器端要使用相同类型的操作系统

42. 关于国家信息基础设施和信息高速公路，下列说法正确的是（　　）。

A. 国家信息基础设施是建立信息高速公路的基础，因此前者是后者的一部分

B. 信息高速公路主要是指能够高速度地将大量数据传送的网络，因此它是国家信息基础设施的一部分

C. 二者都是以通信网络为基础，它们是同一概念的两个不同说法

D. 二者无联系

43. 从不同角度，可以将文件划分为不同类别。以下（　　）属于文件的逻辑结构分类。

A. 临时文件、永久文件、档案文件

B. 只读文件、读写文件、可执行文件、无保护文件

C. 流式文件、记录式文件

D. 顺序文件、链接文件、索引文件、Hash 文件、索引顺序文件

44. 关于 IP 协议，错误的是（　　）。

A. IP 协议规定了 IP 地址的具体格式

B. IP 协议规定了 IP 地址与其域名的对应关系

C. IP 协议规定了 IP 数据报的具体格式

D. IP 协议规定了 IP 数据报的分片和重组原则

45. 硬盘服务器将共享的硬盘空间划分成多个虚拟盘体，虚拟盘体可以分为（　　）等几类。

A. 专用盘体、公用盘体、共享盘体

B. 公用盘体、共享盘体

C. 专用盘体、公用盘体

D. 专用盘体、共享盘体

46. 正在编辑的某个文件，突然断电，则计算机（　　）全部丢失，再通电后它们也不能恢复。

A. ROM 和 RAM 中的信息　　B. ROM 中的信息

C. RAM 中的信息　　D. 硬盘中的此文件

47. 在 DES 加密算法中，采用的密钥长度和被加密的分组长度分别是（　　）。

A. 64 位和 56 位　　B. 64 位和 64 位

C. 56 位和 56 位　　D. 56 位和 64 位

48. 下列关于数字信封的说法中，正确的是（　　）。

A. 数字信封是保证文件或资料真实性的一种说法

B. 数字信封技术结合了私有密钥加密技术和公用密钥加密技术各自的优点

C. 数字信封技术首先使用公用密钥加密技术对要发送的数据信息进行加密

D. 数字信封技术实质上是一种公有密钥加密技术

49. 文件传输服务简称（　　）。

A. FTP　　B. HTTP

C. Telnet　　D. WWW

50. 下列选项中是网络管理协议的是（　　）。

A. DES　　B. UNIX

C. SNMP　　D. RSA

51. 一旦本地用户通过远程登录进入远地系统后，下列说法正确的是（　　）。

A. 该用户只能获得读远地系统中文件的权力

B. 远地系统内核并不将其与远地系统中本地登录区别开来

C. 远地系统内核会区别开本地登录与远地登录

D. 该用户一定不能获得远地系统中用户一样的访问权

52. 要想接多个打印机，需要（　　）。

A. 字节多路通道　　B. 成组多路通道

C. 选择通道　　D. 块多路通道

53. 用一个物理系统去模拟另一个系统被称为（　　）。

A. 物理模拟　　B. 数学模拟

C. 概率模拟　　D. 确定性模拟

54. 为实现图像信息的压缩，建立了若干种国际标准。其中适合于连续色调、多级灰度的静止图像压缩的标准是（　　）。

A. JPEG　　B. MPEG

C. H.261　　D. H.262

55. 下列说法中错误的是（　　）。

A. 因特网是一个开放式的电子商务平台

B. 目前，保证电子邮件安全性的手段是使用数字签名

C. 为了保护用户的计算机免受非安全软件的危害，浏览器通常将因特网世界划分成几个区域

D. 在使用因特网进行电子商务中，通常可以使用安全通道访问 Web 站点

56. 以太网交换机利用端口号/ MAC 地址映射表进行数据交换，动态建立和维护端口号/ MAC 地址映射表的方法是（　　）。

A．地址学习　　B．人工建立
C．操作系统建立　　D．轮询

57．关于 NetWare 的描述中，正确的是（　　）。
A．文件和打印服务功能比较一般　　B．安装、管理及维护比较简单
C．良好的兼容性和系统容错能力　　D．推出比较晚，故市场占有率低

58．数字信封在外层使用（　　）加密算法对已加密信息进行再加密。
A．可逆　　B．公有密钥
C．私有密钥　　D．不可逆

59．NetWare 提供三级容错机制，第三级系统容错（SFT III）提供了（　　）。
A．文件服务器镜像　　B．热修复与写后读验证
C．双重目录与文件分配表　　D．硬盘镜像与硬盘双工

60．IEEE 802.11b 采用的介质访问控制方式是（　　）。
A．CSMA / CD　　B．TD-SCDMA
C．DWDM　　D．CSMA / CA

二、填空题

请将答案分别写在答题卡中序号为【1】至【20】的横线上，答在试卷上不得分。

1．安腾是【1】位的芯片。

2．在星型拓扑结构中，【2】结点是全网可靠性的瓶颈。

3．【3】技术是由多媒体技术和超文本技术的结合而形成的。

4．在局域网的参考模型中，MAC 子层在支持 LLC 子层完成媒体访问差别控制功能时，使用 MSAP（媒体访问控制服务访问点）向 LCC 实体提供单个接口端，MAC 子层实现帧的寻址和【4】。

5．帧中继（Frame Relay）是在 X.25 分组交换的基础上，简化了差错控制、流量控制和【5】功能，而形成的一种新的交换技术。

6．一般来说，网络操作系统可以分为：面向任务型 NOS 和【6】NOS 两类。

7．引起死锁的四个必要条件是互斥使用、保持和等待、非剥夺性和【7】。

8. 对于打开的文件其唯一的识别依据是【8】。

9. 一个典型的网络操作系统应该具有【9】的特征，也就是说，它应该独立于具体的硬件平台，支持多平台，即系统可以运行于各种硬件平台之上。

10. 通过与合作伙伴的持续合作并在开放工业标准之上，SUSE Linux Enterprise 11 将进一步巩固 Novell 在【10】方面的领导地位。

11. 索引式（随机）文件组织的一个主要优点是【11】。

12. IP 数据报穿越因特网过程中有可能被分片。在 IP 数据报分片以后，通常由【12】负责 IP 数据报的重组。

13. 人们对多媒体 PC 规定的基本组成是：具有 CD-ROM、A / D 和 D / A 转换、高清晰彩显以及【13】。

14. 防火墙总体上分为包过滤、应用级网关和【14】等几大类型。

15. 目前有关认证的使用技术主要有：【15】、身份认证和数字签名。

16. 在系统运行过程中小心地避免死锁的最终发生，最著名的是【16】。

17. 通常，【17】负责为电子商务活动中的各方发放数字证书。

18. 计算机网络的通信子网由【18】和网络节点组成。

19. 在层次结构的网络中，高层通过与低层之间的【19】使用底层提供的服务。

20. 如果网络系统中的每台计算机既是服务器，又是工作站，则称其为【20】。

第14套

一、选择题

下列各题A、B、C、D四个选项中，只有一个选项是正确的，请将正确选项涂写在答题卡相应位置上，答在试卷上不得分。

1. 计算机网络拓扑是通过网中节点与通信线路之间的几何关系来表示网络结构，它可以反映出网络中各实体之间的（　　）。

A. 结构关系　　B. 主从关系

C. 接口关系　　D. 层次关系

2. 对于"三网合一"中的"三网"，下列描述中错误的是（　　）。

A. 电信网传输的形式最多

B. 有线电视网的宽带化程度最高

C. 计算机网络有多种拓扑结构

D. 有线电视网主要是环型拓扑结构

3. 在奔腾芯片中，设置了多条流水线，可以同时执行多个处理，这称为（　　）。

A. 超标量技术　　B. 超流水技术　　C. 多线程技术　　D. 多重处理技术

4. 在多道程序系统中，一组进程中的每一个进程均无限期地等待被该组进程中的另一进程所占有且永远不会释放的资源，这种现象称系统处于（　　）状态。

A. 死锁　　B. 阻塞　　C. 等待　　D. 以上都不对

5. 下列有关令牌环的错误叙述是（　　）。

A. 令牌环的物理拓扑是环型，但却具有广播特性

B. 在重载荷时，令牌环网络的传输效率会下降

C. 环中要指定一个主动令牌管理站来维护环路的正常运转

D. 为了调节通信量，允许站点得到令牌后传输不同数量的数据

6. 在软件生命周期中，下列说法不准确的是（　　）。

A. 软件生命周期分为计划、开发和运行三个阶段

B. 在计划阶段要进行问题定义和需求分析

C. 需求分析阶段结束后要完成需求说明书

D. 在运行阶段不仅仅是进行软件维护，还要对系统进行修改或扩充

7. 网络操作系统要求网络用户在使用时不必了解网络的（　　）。

Ⅰ. 拓扑结构　　Ⅱ. 网络协议　　Ⅲ. 硬件结构

A. 仅Ⅰ和Ⅱ　　B. 仅Ⅱ和Ⅲ

C. 仅Ⅰ和Ⅲ　　D. 全部

8. 虚拟局域网的技术基础是（　　）。

A. 路由技术　　B. 带宽分配

C. 交换技术　　D. 冲突检测

9. 实时性要求较高的应用可以选用的最佳交换方式是（　　）。

A. 报文交换　　B. 虚电路分组交换

C. 数据报分组交换　　D. 都一样

10. 综合业务数字网 ISDN 设计的目标是：提供一个在世界范围内协调一致的数字通信网络，支持各种通信服务，并在不同的国家采用相同的（　　）。

A. 标准　　B. 结构

C. 设备　　D. 应用

11. 防火墙的行为控制是指（　　）。

A. 控制用户的行为使其不能访问非授权的数据

B. 控制如何使用网络的传输功能

C. 控制如何使用某种特定的服务

D. 控制如何使用包过滤功能

12. 以太网的物理地址长度是（　　）。

A. 8 bit　　B. 24 bit

C. 48 bit　　D. 64 bit

13. IP 电话系统有 4 个基本组件，它们分别是终端设备（Terminal）、网关、多点控制单元（MCU）和（　　）。

A. 路由器　　B. 交换机

C. 网守　　D. 集线器

14. 当查出数据有差错时，设法通知发送端重发，直到收到正确的数据为止，这种差错控制方法称为（　　）。

A. 向前纠错　　B. 冗余检验

C. 混和差错控制　　D. 自动重发请求

15 只允许数据在传输媒体中单向流动的拓扑结构是（　　）。

A. 星型拓扑　　B. 总线型拓扑

C. 环型拓扑　　　　D. 树型拓扑

16. 为了支持各种信息的传输，计算机网络必须具有足够的带宽、很好的服务质量与完善的（　　）。

A. 应用软件　　B. 服务机制　　C. 通信机制　　D. 安全机制

17. 不属于按通信性能划分计算机网络的类型是（　　）。

A. 资源共享计算机网　　B. 硬件共享计算机网

C. 分布式计算机网　　D. 远程通信网

18. 在公钥加密体制中（　　）是公开的。

A. 加密密钥　　B. 明文

C. 解密密钥　　D. 加密密钥和解密密钥

19. 下列对子网系统的防火墙的描述中，错误的是（　　）。

A. 控制对系统的访问　　B. 集中的安全管理

C. 增强的保密性　　D. 防止内部和外部威胁

20. 在无线蜂窝移动通信系统中，下列不是多址接入方法的是（　　）。

A. TDMA　　B. FDMA　　C. CDMA　　D. FTP

21. 下列叙述正确的是（　　）。

A. 进程与程序无关　　B. 进程是程序的一部分

C. 程序是进程的一部分　　D. 进程与程序是同一个概念

22. 下列不属于计算机网络发展所经历阶段的是（　　）。

A. 联机系统　　B. 文件系统　　C. 互连网络　　D. 高速网络

23. 以下关于网桥的描述中，错误的是（　　）。

A. 网桥的标准有两个

B. 网桥是数据链路层上实现互联的设备

C. 网桥可以提供物理层和数据链路层协议不同的局域网的互联，但更上层的协议必须相同

D. 网桥不能连接两个传输速率不同的网络

24. 网络互联的功能可以分为两类，下列属于基本功能的是（　　）。

A. 路由功能　　B. 协议转换　　C. 分组长度变换　　D. 分组重新排序

25. 以星型拓扑结构组网，其中任何两个站点要进行通信都必须经过中央节点控制。不属于中央节点主要功能的是（　　）。

A. 为需要通信的设备建立物理连接
B. 为两台设备通信过程中维持这一条通路
C. 为通信设备提供数据服务
D. 在完成通信或建立物理连接不成功时，拆除通道直接交换网

26. 操作系统能找到磁盘上的文件，是因为有磁盘文件名与存储位置的记录。在 OS / 2 中，这个记录表称为（　　）。
A. 高性能文件系统 HPFS　　B. VFAT 虚拟文件表
C. 端口 / MAC 地址映射表　　D. 内存分配表

27. 当前目录是用户当前工作的目录。下列关于当前目录的叙述中，正确的是（　　）。
Ⅰ. 在当前目录下，可以采用相对路径名查找文件
Ⅱ. 当前目录放在内存
Ⅲ. 每个用户有一个当前目录
Ⅳ. 当前目录可以改变
A. Ⅰ和 Ⅲ　　B. Ⅰ、Ⅱ和 Ⅲ
C. Ⅰ、Ⅲ 和 Ⅳ　　D. 全部

28. 计算机网络拓扑设计对网络的影响主要表现在（　　）。
Ⅰ. 系统可靠性
Ⅱ. 网络安全
Ⅲ. 通信费用
Ⅳ. 网络性能
A. Ⅰ、Ⅱ　　B. Ⅰ、Ⅱ、Ⅲ
C. Ⅰ、Ⅲ、Ⅳ　　D. Ⅰ、Ⅱ、Ⅳ

29. 网桥是（　　）。
A. 物理层的互联设备
B. 数据链路层的互联设备
C. 网络层的互联设备
D. 高层的互联设备

30. 以下关于 Linux 操作系统的基本特点，说法错误的是（　　）。
A. 它不具有虚拟内存的能力
B. 它适合作 Internet 的标准服务平台
C. 它与 Unix 有很多相同，移植比较方便
D. Linux 不限制应用程序可用内存的大小

31. 下面（　　）是有效的 IP 地址。
A. 202.280.130.45　　B. 130.192.290.45

C. 192.202.130.45　　D. 280.192.33.45

32. 下面各项工作步骤中，不是创建进程所必需步骤的是（　　）。
A. 建立一个进程控制块 PCB　　B. 由 CPU 调度程序为进程调度 CPU
C. 为进程分配内存等必要资源　　D. 将 PCB 链入进程就绪队列

33. 在因特网中，网络与网络之间连接的桥梁是（　　）。
A. 集线器　　B. 服务器
C. 路由器　　D. 主机

34. 旁路控制攻击属于（　　）。
A. 渗入威胁　　B. 植入威胁　　C. 客观威胁　　D. 主观威胁

35. “0”信号经过物理链路传输后变成“1”信号，负责查出这个错误的是（　　）。
A. 应用层　　B. 数据链路层
C. 传输层　　D. 物理层

36. 关于静态路由，以下说法正确的是（　　）。
A. 静态路由通常由管理员手工建立
B. 静态路由不可以在子网编址的互联网中使用
C. 静态路由能随互联网结构的变化而自动变化
D. 静态路由已经过时，目前很少有人使用

37. TCP / IP 协议的主要功能是（　　）。
A. 用于连上 Internet　　B. 用于局域网内互连
C. 用于机间通信　　D. 用于网间互连

38. 网络信息在网络的传输过程中经过多个中间站点进行转发的传输方式为（　　）。
A. 存储转发　　B. 集中传输　　C. 分布传输　　D. 广播方式

39. 如果用户应用程序使用 UDP 协议进行数据传输，那么下面（　　）必须承担可靠性方面的全部工作。
A. 数据链路层程序　　B. 互联网层程序
C. 传输层程序　　D. 用户应用程序

40. 在进行数字传输时，把模拟信号变为数字信号的过程称为（　　）。
A. 调制　　B. 解调　　C. 编码　　D. 解码

41. 计算机病毒通常是（　　）。
A. 一段程序代码　　B. 一个命令

C．一个文件　　D．一个标记

42．与传统的网络操作系统相比，Linux 操作系统有许多特点，下面关于 Liunx 主要特性的描述中，错误的是（　　）。

A．Linux 操作系统具有虚拟内存的能力，可以利用硬盘来扩展内存

B．Linux 操作系统具有先进的网络能力，可以通过 TCP / IP 协议与其他计算机连接

C．Linux 操作系统与 Unix 标准不同，将 Linux 程序移植到 Unix 主机上不能运行

D．Linux 操作系统是免费软件，可以通过匿名 FTP 服务从网上获得

43．SDH 信号最重要的模块信号是 STM-1，其速率为（　　）。

A．622.080 Mbps　　B．122.080 Mbps

C．155.520 Mbps　　D．2.50 Gbps

44．网络管理系统中管理协议的作用是（　　）。

A．用于在管理系统和管理对象之间传递操作命令，负责解释管理操作命令

B．作为管理网络的管理规则

C．作为管理网络的管理原则

D．监控网络运行状态的途径

45．对内存的管理属于（　　）的任务。

A．进程管理　　B．存储管理

C．设备管理　　D．作业管理

46．局域网参考模型将对应于 OSI 参考模型的数据链路层划分为 MAC 子层与（　　）。

A．LLC 子层　　B．PMD 子层

C．接入子层　　D．会聚子层

47．通过电话网所采用的数据交换方式是（　　）。

A．电路交换　　B．报文交换

C．数据报业务服务　　D．虚电路业务服务

48．数据报在通过各个物理网络时，（　　）。

A．网络自动跟踪数据报的大小进行调节

B．网络强制数据报改变大小以适应网络的情况

C．数据报可能被分为若干分片，到达目的主机后再重组

D．通知信元节点按网络实际情况调整数据报的大小

49．网络的不安全性因素有（　　）。

A．非授权用户的非法存取和电子窃听　　B．计算机病毒的入侵

C．网络黑客　　D．以上都是

50. 用网桥作为互连设备时，其处理的信息单位是（　　）。

A. 一个完整的帧　　B. 比特

C. 一个完整的报文　　D. 字节

51. TCP / IP 代表传输协议 / 互联网协议；其实它代表一个标准协议组，下面不属于这个标准协议组的协议是（　　）。

A. 简单邮件传送协议 SMTP　　B. 文件传送协议 FTP

C. 远程上机 Telnet　　D. Apple Talk

52. 关于统计（异步）时分多路复用，以下说法中错误的是（　　）。

A. 也称为智能时分复用

B. 每个用户的数据传输速率低于平均速率

C. 克服了同步时分多路复用中时间间隙浪费的缺点

D. 效果不如频分多路复用

53. 关于网络操作系统的描述中，正确的是（　　）。

A. 经历了由非对等结构向对等结构的演变

B. 对等结构中各用户地位平等

C. 对等结构中用户之间不能直接通信

D. 对等结构中客户端和服务器端的软件都可以互换

54. 以下网络中，不是环型网的为（　　）。

A. IBM 令牌环网　　B. 剑桥环网

C. 计算机交换机 CBX　　D. FDDI

55. 三网合一所指的三网是目前主要运营的网络系统，下列（　　）不属于此网络。

A. 电网　　B. 通信网

C. 有线电视网　　D. 计算机网

56. 关于 UNIX 版本的描述中，错误的是（　　）。

A. IBM 公司的 UNIX 是 Xenix　　B. Sun 公司的 UNIX 是 Solaris

C. 伯克利公司的 UNIX 是 UNIX BSD　　D. HP 公司的 UNIX 是 HP-UX

57. RS232C 是目前使用最广泛的串行通信接口标准，但仍存在诸多不足，最需要改进的是（　　）。

A. 加长接口电缆的长度　　B. 提高数据传输率

C. 增加新的接口功能　　D. 解决机械接口的相互兼容性问题

58. 在时分多路复用技术中，设备利用率比较低的技术是（　　）。

A. 频分多路复用　　B. 波分多路复用

C．异步时分多路复用　　　　　　　　D．同步时分多路复用

59．ATM 的业务类型中，提供实时、可变比特率、面向连接业务的是（　　）。
A．A 类业务　　　B．B 类业务　　　C．C 类业务　　　D．D 类业务

60．对于基带总线，冲突检测时间等于任意两个站点之间最大传播时延的（　　）。
A．1 倍　　　　　　　　B．2 倍
C．3 倍　　　　　　　　D．4 倍

二、填空题

请将答案分别写在答题卡中序号为【1】至【20】的横线上，答在试卷上不得分。

1．电子邮件的管理一般划定为【1】和电子邮件管理两方面。

2．根据网桥是运行在服务器上还是另有一个独立设备，网桥可以分为【2】和外部网桥。

3．在操作系统中，不可中断执行的操作称为【3】。

4．在早期的 8 位机时代， Intel 8080 曾是第一台微电脑 MITS Altair 的心脏，比尔・盖茨曾为它编写了一个 BASIC【4】，这成为微软公司成立后的第一个软件项目。

5．计算机网络按功能划分可以分为通信子网和【5】。

6．搜索引擎是运行在 Web 上的【6】软件系统。

7．CSMA / CD 的发送流程可以概括为：先听后发，边听边发，冲突停止，【7】。

8．从资源分配的角度可将设备分类为独占设备、共享设备和【8】。

9．计算机的字长除了标志计算机的计算精度以外，也反映计算机的【9】能力。

10．字长是指 CPU 中【10】的宽度。

11．工作站运行的重定向程序 NetWare Shell 负责对用户命令进行【11】。

12．TCP / IP 协议是互联网络的信息交换、规则、规范的集合体，其中 TCP 是指【12】，IP 是指网际协议。

13．密码学包含两个分支：密码编码学和【13】。

14. 如果对密文 FYYFHP 使用密钥为 5 的恺撒密码加密，那么明文是【14】。（明文用小写字母表示）

15. 在因特网用户接入中，所谓的“一线通”是指【15】；所谓的“超级一线通”是指 ADSL。

16. 操作系统是【16】的核心。

17. 无线局域网使用的是无线传输介质，按采用的传输技术可以分为三类：红外线局域网、窄带微波局域网和【17】无线局域网。

18. Internet 主要由通信线路、【18】、服务器与客户机和信息资源 4 部分组成。

19. 从本质上讲，在联机多用户系统中，不论主机上连接多少台计算机终端或计算机，主机与其连接的计算机终端或计算机之间都是【19】的关系。

20. 100 BASE－FX 标准使用的传输介质是【20】。

第15套

一、选择题

下列各题A、B、C、D四个选项中，只有一个选项是正确的，请将正确选项涂写在答题卡相应位置上，答在试卷上不得分。

1. 网桥和路由器的显著差异在于（　　）。
   A. 路由器工作在网络层，而网桥工作在数据链路层
   B. 路由器可以支持以太网，但不支持标记环网
   C. 网桥具有路径选择功能
   D. 网桥支持以太网，但不支持标记环网

2. 计算机现在已经被广泛应用，表示计算机辅助设计的是（　　）。
   A. CAD　　B. CAM　　C. CAE　　D. CAT

3. 若网络由各个节点通过点到点通信链路连接到中央节点组成，则称这种拓扑结构为（　　）。
   A. 环型拓扑　　B. 总线拓扑
   C. 树型拓扑　　D. 星型拓扑

4. 在互联网中，连接计算机的通信网络必须是网状结构，这是为了（　　）。
   A. 达到计算机之间互连的目的
   B. 通信网络在某一处受到破坏以后仍然能够正常通信
   C. 提高网络的保密性
   D. 降低网络的通信成本

5. PnP主板主要是支持（　　）。
   A. 多种芯片集　　B. 大容量存储器
   C. 即插即用　　D. 宽带数据总线

6. 比较适合于数据分布较广的计算模式是（　　）。
   A. 并行计算模式　　B. 客户端 / 服务器模式
   C. 分布计算模式　　D. 浏览器 / 服务器模式

7. 在OSI参考模型中，物理层是指（　　）。
   A. 物理设备　　B. 物理媒体
   C. 物理连接　　D. 物理信道

8. Windows NT 操作系统的主要特点不包括（　　）。

A. 内置管理　　B. 封闭的体系结构

C. 集中式管理　　D. 用户工作站管理

9. 在实际的计算机网络组建过程中，一般首先应该做（　　）。

A. 网络拓扑结构设计　　B. 设备选型

C. 应用程序结构设计　　D. 网络协议选型

10. 在网络的拓扑结构中，具有层次的网络结构是（　　）。

A. 星型结构　　B. 树型结构

C. 网型结构　　D. 环型结构

11. 恺撒密码是一种置换密码，对其破译的最多尝试次数是（　　）。

A. 2 次　　B. 13 次

C. 25 次　　D. 26 次

12. 计算机网络拓扑是通过网中节点与通信线路之间的几何关系表示网络中各实体间的（　　）。

A. 联机关系　　B. 结构关系　　C. 主次关系　　D. 层次关系

13. 不属于按通信速率来划分计算机网络类型的是（　　）。

A. 低速网　　B. 中速网　　C. 快速网　　D. 高速网

14. 基带和宽带 CSMA / CD 媒体访问控制方法，对数据帧的传输时延要求各有不同，二者要求数据帧的传输时延分别至少是传播时延的（　　）倍。

A. 1 和 2　　B. 2 和 2　　C. 4 和 4　　D. 2 和 4

15. 在 TCP / IP 参考模型中，应用层是最高的一层，它包括了所有的高层协议。下列协议中不属于应用层协议的是（　　）。

A. HTTP　　B. FTP　　C. UDP　　D. SMTP

16. 下列有关传输技术的叙述中，错误的是（　　）。

A. 宽带网络中干线传输采用的物理传输线路是光纤

B. 光纤的传输容量可达到 100 Gbps 以上

C. 在传输体制方面，目前采用光纤同步数字传输体系（SDH）

D. 到目前为止，ATM 标准已经十分完善

17. Netware 内核，可以完成的网络服务与管理任务不包括（　　）。

A. 内核进程管理　　B. 文件系统管理

C. 系统容错管理　　D. 分域管理

18．以下对 TCP / IP 参考模型与 OSI 参考模型层次关系的描述中，错误的是（　　）。
A．TCP / IP 的应用层与 OSI 应用层相对应
B．TCP / IP 的传输层与 OSI 传输层相对应
C．TCP / IP 的互联层与 OSI 网络层相对应
D．TCP / IP 的主机－网络层与 OSI 数据链路层相对应

19．计算机网络拓扑是通过网中节点与通信线路之间的几何关系来表示（　　）。
A．网络结构　　B．网络层次
C．网络协议　　D．网络模型

20．用户程序在目态下使用特权指令引起的中断属于（　　）。
A．硬件故障中断　　B．程序中断
C．外部中断　　D．访管中断

21．公钥体制 RSA 是基于（　　）。
A．背包算法　　B．离散对数
C．椭圆曲线算法　　D．大整数因子分解

22．高层互联是指传输层及其以上各层协议不同的网络之间的互联。实现高层互联的设备是（　　）。
A．中继器　　B．网桥　　C．路由器　　D．网关

23．PSK 方法是用数字脉冲信号控制载波的（　　）。
A．振幅　　B．频率
C．相位　　D．振幅、频率及相位

24．对计算机系统安全等级的划分中，最低级别是（　　）级。
A．A　　B．B1　　C．C1　　D．D

25．Ethernet 交换机是利用“端口 / MAC 地址映射表”进行数据交换的。交换机实现动态建立和维护端口 / MAC 地址映射表的方法是（　　）。
A．人工建立　　B．地址学习
C．进程　　D．轮询

26．物理层为上层提供了一个传输原始比特流的（　　）。
A．物理设备　　B．物理媒体　　C．传输设备　　D．物理连接

27．当 10E6 次解密 / μs 所需的时间是 10 小时时，密钥位数为（　　）位。
A．32　　B．56　　C．128　　D．168

28．以下关于网络操作系统的描述中，说法错误的是（　　）。

A．文件服务和打印服务是最基本的网络服务功能

B．文件服务器为客户文件提供安全与保密控制方法

C．网络操作系统可以为用户提供通信服务

D．网络操作系统允许用户访问任意一台主机的所有资源

29．关于 Windows 2000，以下说法错误的是（　　）。

A．域中的用户和组就是组织单元

B．它仍使用域作为基本管理单位

C．它提供了活动目录服务，以方便网络用户查找

D．它使用全局组和本地组的划分方式，以方便用户对组进行管理

30．能传输图像的传输协议是（　　）。

A．SMTP　　B．MIME　　C．POP3　　D．IMAP

31．使用电话线拨号上网需要用到（　　）协议。

A．SLIP / PPP 协议　　B．HDLC 协议

C．UDP 协议　　D．IPX 协议

32．对于因特网，以下说法错误的是（　　）。

A．因特网是一个广域网

B．因特网内部包含大量的路由设备

C．因特网是一个信息资源网

D．因特网的使用者不必关心因特网的内部结构

33．用户 A 通过计算机网络将消息传给用户 B，若用户 B 想确定收到的消息是否来源于用户 A，而且还要确定消息是否被篡改过，则应该在计算机网络中使用（　　）。

A．消息认证　　B．身份认证　　C．数字签名　　D．以上都不对

34．在网络互联中，（　　）是指网络中不同计算机系统之间具有透明地访问对方资源的能力。

A．互联　　B．互通　　C．互操作　　D．透明

35．关于因特网的组成部分，下列表述错误的是（　　）。

A．通信线路有两类：数字线路和模拟线路

B．路由器是网络与网络之间的桥梁

C．因特网中的主机，按照扮演的角色不同，可分为服务器和客户机

D．通信线路带宽越高，传输速率越快

36．下列叙述错误的是（　　）。

A．令牌总线网的帧长不受限制

B. 不同数据传输速率的以太网中的最短帧长是不一样的
C. 以太网、令牌环和令牌总线网都允许站点被赋予优先级
D. 令牌环上的帧只能沿一个方向传播

37. 下述说法中，错误的是（　　）。
A. 机器运行时交替处于管态或目态
B. 机器处于目态时，只能执行特权指令
C. 机器处于管态时，只能执行特权指令
D. 机器从目态转换为管态的唯一途径是中断

38. 下面的四个 IP 地址，属于 D 类地址的是（　　）。
A. 10.10.5.168　　B. 168.10.0.1
C. 224.0.0.2　　D. 202.119.130.80

39. 计算机病毒是（　　）。
A. 一种用户误操作的后果　　B. 一种专门侵蚀硬盘的霉菌
C. 一类具有破坏性的文件　　D. 一类具有破坏性的程序

40. 在对计算机系统安全等级的划分中，最高级别是（　　）级。
A. A　　B. B1　　C. C1　　D. D

41. Intranet 技术主要由一系列的组件和技术构成，Intranet 的网络协议核心是（　　）。
A. ISP / SPX　　B. PPP　　C. TCP / IP　　D. SLIP

42. 在浏览 WWW 服务器 netlab.abc.edu.cn 的 index.html 页面时，如果可以看到一幅图像和听到一段音乐，那么，在 netlab.abc.edu.cn 服务器中（　　）。
A. 这幅图像数据和这段音乐数据都存储在 index.html 文件中
B. 这幅图像数据存储在 index.html 文件中，而这段音乐数据以独立的文件存储
C. 这段音乐数据存储在 index.html 文件中，而这幅图像数据以独立的文件存储
D. 这幅图像数据和这段音乐数据都以独立的文件存储

43. 关于防火墙技术的描述中，错误的是（　　）。
A. 可以支持网络地址转换　　B. 可以保护脆弱的服务
C. 可以查、杀各种病毒　　D. 可以增强保密性

44. 操作系统的设计目标之一是正确性，不会影响该目标的是（　　）。
A. 并发性　　B. 共享性
C. 高效性　　D. 随机性

45. 关于 RC5 加密算法的描述中，正确的是（　　）。

A. 分组长度固定
B. 密钥长度固定
C. 分组和密钥长度都固定
D. 分组和密钥长度都可变

46. 在页式存储管理中，为加快地址映射速度，常需要硬件支持。以下（　　）是用于地址映射的。

Ⅰ. 页表始址寄存器
Ⅱ. 变址寄存器
Ⅲ. 相联存储器
Ⅳ. 页表长度寄存器

A. Ⅰ、Ⅲ 和 Ⅳ
B. Ⅰ、Ⅱ和 Ⅲ
C. Ⅰ、Ⅱ 和 Ⅳ
D. 全部都是

47. 在 TCP/IP 互联网中，转发路由器对 IP 数据报进行分片的主要目的是（　　）。

A. 提高路由器的转发效率
B. 增加数据报的传输可靠性
C. 使目的主机对数据报的处理更加简单
D. 保证数据报不超过物理网络能传输的最大报文长度

48. 在以下网络威胁中，（　　）不属于信息泄露。

A. 数据窃听
B. 流量分析
C. 拒绝服务攻击
D. 偷窃用户账号

49. 帧中继技术中对（　　）进行了简化。

A. 差错检验 / 重发机制、流量控制
B. 流量控制
C. 差错检验 / 重发机制
D. 连接方式

50. 能够提供网络用户访问文件和目录的并发控制以及具有安全保密措施的局域网服务器是（　　）。

A. E-mail 服务器
B. Telnet 服务器
C. 文件服务器
D. WWW 服务器

51. TCP / IP 模型中，应用层和传输层之间传递的对象是（　　）。

A. 报文流
B. 传输协议分组
C. IP 数据报
D. 网络帧

52. 以下方法不属于个人特征认证的是（　　）。

A. 指纹识别
B. 声音识别
C. 虹膜识别
D. 个人标记号识别

53. 下列不是 SNMP 管理模型中三个基本组成部分的是（　　）。

A. 管理进程（manager）
B. 管理代理（agent）
C. 管理信息库（MIB）
D. 管理过程（process）

54. WWW 上的每个网页都有个独立的地址，这些地址称为（　　）。

A. 超链接　　B. IP 地址
C. 统一资源定位器 URL　　D. 子网掩码

55. 主机的 IP 地址为 202.130.82.97，子网屏蔽码为 255.255.192.0，它所处的网络是（　　）。

A. 202.64.0.0　　B. 202.130.0.0
C. 202.130.64.0　　D. 202.130.82.0

56. 计算机网络的安全是指（　　）。

A. 网络中设备的安全　　B. 网络使用者的安全
C. 网络可共享资源的安全　　D. 网络管理员安全

57. BNC 中继器用于（　　）类型的以太网中。

A. 10 Base-5　　B. 10 Base-2
C. 10 Base-T　　D. 10 Base-FT

58. 以下关于 xDSL 技术的说法中，错误的是（　　）。

A. xDSL 采用数字用户线路
B. xDSL 信号传输距离愈长，信号衰减愈大
C. xDSL 的上下行传输必须对称
D. xDSL 的高带宽要归功于先进的调制技术

59. 数据链路层的互联设备是（　　）。

A. 中继器　　B. 网桥
C. 路由器　　D. 网关

60. 下列说法错误的是（　　）。

A. 拨号上网的传输速率可以达到 56 kb / s
B. 数字数据网（DDN）是一种数据通信网
C. ISDN 可分为宽带（B-ISDN）和窄带（N-ISDN）
D. 通过电话线路接入因特网的用户主要是大型企业

二、填空题

请将答案分别写在答题卡中序号为【1】至【20】的横线上，答在试卷上不得分。

1. 【1】用有助于记忆的符号和地址符号来表示指令，它也称为符号语言。

2. 系统模拟可分为物理模拟和【2】。

3. 解释程序与编译程序最大的不同是不形成【3】。

4. 当试图从一台能够上网的计算机登录到因特网上任意一台主机，并像在本地一样地运行该主机上的应用程序，在此过程中必须要用到【4】。

5. OSI 参考模型规定网络层的主要功能有：路由选择、【5】和网络连接建立与管理。

6. 目前城域网建设方案在体系结构上都采用 3 层模式，它们是【6】层、业务汇聚层与接入层。

7. 通过无线电话连接上网时，用户无论在哪里都可以使用同样的【7】。

8. 简单网络管理协议 SNMP 的管理模型由管理节点和【8】节点组成。

9. 网络数据库工作遵循【9】模型，客户端向数据库服务器发送查询请求采用 SQL。

10. 无线局域网是使用无线传输介质，按照采用的传输技术可以分为 3 类：红外线局域网、窄带微波局域网和【10】。

11. 根据网络传输技术划分，网络可以分为广播式网络和【11】网络。

12. 密码技术分【12】和解密两部分。

13. Web 站点与浏览器的安全交互是借助于【13】完成的。

14. 一个模拟数据要通过三个步骤才能变成数字数据，它们是采样、【14】和编码。

15. Netware 权限安全性包括两个方面分别是【15】和继承权屏蔽。

16. 目前，P2P 网络存在集中式、分布式非结构化、分布式结构化和【16】4 种主要结构类型。

17. 有一类加密类型常用于数据完整性检验和身份验证，例如计算机系统中的口令就是利用【17】算法加密的。

18. 信息数据在广域网中有线路交换方式和【18】交换方式两大类型。

19. 快速以太网（Fast Ethernet）的数据传输速率为 100 Mbps，它保留着与传统的 10 Mbps 速率 Ethernet 【19】的帧格式。

20. 数字证书要求使用可信的第三方，即【20】它负责注册证书、分发证书。

第16套

一、选择题

下列各题A、B、C、D四个选项中，只有一个选项是正确的，请将正确选项涂写在答题卡相应位置上，答在试卷上不得分。

1. 我国联想集团收购了一家美国大公司的PC业务，该公司在计算机的缩小化过程中发挥过重要的作用，它是（　　）。
   A．苹果公司　　B．DEC公司　　C．HP公司　　D．IBM公司

2. 以太网10BASE-5使用的媒体访问控制方法是（　　）。
   A．CSMA　　B．CSMA / CD　　C．令牌总线　　D．FDDI

3. 下列说法中，正确的是（　　）。
   A．美国红皮书规定的A级是最高安全级
   B．美国红皮书规定的D级是最高安全级
   C．欧洲准则规定的E0级是最高安全级
   D．欧洲准则规定的E4级是最高安全级

4. 能通过双工系统的运算结果比较，判断系统是否出现异常操作的技术是（　　）。
   A．错误检测　　B．功能冗余校验技术
   C．超标量技术　　D．多重处理技术

5. 下列说法正确的是（　　）。
   A．服务攻击是针对网络层次低层协议而进行的
   B．计算机病毒是一种生物病毒的变体
   C．主要的植入威胁有特洛伊木马和陷门
   D．以上都不对

6. Windows操作系统属于（　　）。
   A．多用户操作系统　　B．多任务操作系统
   C．单任务操作系统　　D．网络操作系统

7. 动态路由表是指（　　）。
   A．网络处于工作状态时使用的路由表
   B．数据报根据网络的实际连通情况自行建立的路由

C. 使用动态路由表时，数据报所经过的路由随时变化
D. 路由器相互发送路由信息而动态建立的路由表

8. （　　）广域网技术是在 X.25 公用分组交换网的基础上发展起来的。
A. ATM　　　　B. 帧中继
C. ADSL　　　　D. 光纤分布式数据接口

9. 组建一个局域网一般需要网络接口卡、电缆、集线器等网络设备，下面属于网络设备的是（　　）。
A. 电话　　B. 电视机　　C. 路由器　　D. 手机

10. 在 OSI 参考模型中，在网络层之上的是（　　）。
A. 物理层　　　　B. 应用层
C. 数据链路层　　　　D. 传输层

11. 目前各种城域网建设方案的共同点是在结构上采用三层模式，这三层是：核心交换层、业务汇聚层与（　　）。
A. 数据链路层　　B. 物理层　　C. 接入层　　D. 网络层

12. 在 ATM 技术中，传输的基本单位是（　　），它的长度固定为 53 字节。
A. 公钥　　　　B. 信元
C. 数字证书　　　　D. 令牌

13. 以下（　　）不属于中断处理过程。
A. 保存被中断程序的现场
B. 恢复被中断程序的现场
C. 执行中断处理程序
D. 启动外部设备操作

14. 计算机网络分为局域网、城域网与广域网，其划分的依据是（　　）。
A. 数据传输所使用的介质　　　　B. 网络的作用范围
C. 网络的控制方式　　　　D. 网络的拓扑结构

15. 模拟的种类有（　　）等。
A. 概率模拟，确定性模拟、形象模拟、功能模拟
B. 确定性模拟、形象模拟、功能模拟
C. 概率模拟、确定性模拟、形象模拟
D. 概率模拟、形象模拟、功能模拟

16. 下列关于电信网的叙述中，错误的是（　　）。

A．电信网由电信部门运营
B．电信网连接范围最广
C．有线电视网采用光纤和同轴电缆
D．电信网通过电路交换和分组交换实现各用户之间的通信

17．保证在公共因特网上传送的数据信息不被第三方监视和盗取是指（　　）。
A．数据传输的安全性　　B．数据的完整性
C．身份认证　　D．交易的不可抵赖

18．下列关于 UNIX 的叙述中，不正确的是（　　）。
A．UNIX 的文件系统是树型结构的，便于管理和检索
B．UNIX 提供了丰富的软件工具，如实用程序、文本工具和开发工具
C．UNIX 把普通文件、目录文件和设备文件分别以不同方式进行管理
D．UNIX 是多用户、多任务的分时操作系统

19．PC 机所配置的显示器，若显示控制卡上显示存储器的容量是 1MB，当采用 800×600 分辨率模式时，每个像素最多可以有（　　）种不同的颜色。
A．256　　B．65 536　　C．16 M　　D．4 096

20．以下关于局域网环型拓扑特点的描述中，错误的是（　　）。
A．节点通过广播线路连接成闭合环路
B．环中数据将沿一个方向逐站传送
C．环型拓扑结构简单，传输延时确定
D．为了保证环的正常工作，需要进行比较复杂的环维护处理

21．10BASE-T 使用标准的 RJ-45 接插件与 3 类或 5 类非屏蔽双绞线连接网卡与集线器。网卡与集线器之间的双绞线长度最大为（　　）。
A．15 米　　B．50 米　　C．100 米　　D．500 米

22．甲总是怀疑乙发给他的信在传输过程中遭人篡改，为了消除甲的怀疑，计算机网络采用的技术是（　　）。
A．加密技术　　B．消息认证技术
C．超标量技术　　D．FTP 匿名服务

23．IP 地址由（　　）组成。
A．用户名和主机号　　B．网络号和主机号
C．用户名和 ISP 名　　D．网络号和 ISP 号

24．如果采用路由器来连接局域网，那么两个局域网间（　　）层的协议可以不同。
Ⅰ．网络层　　Ⅱ．数据链路层　　Ⅲ．物理层

A．只有Ⅲ　　B．Ⅱ和Ⅲ　　C．Ⅰ和Ⅱ　　D．Ⅰ、Ⅱ和Ⅲ

25．超文本是一种集成化的菜单系统，通过选择热字可以跳转到其他的文本信息，它的最大特点是（　　）。

A．有序性　　B．无序性　　C．连续性　　D．以上都不对

26．下列关于虚拟局域网的说法中，正确的是（　　）。

A．从物理上划分了用户和网络资源

B．虚拟局域网中的工作站处于一个局域网的不同分组中

C．虚拟局域网是一种新型的局域网

D．虚拟网的划分和设备的实际物理位置无关

27．在网络操作系统的发展过程中，最早出现的是（　　）。

A．对等结构操作系统　　B．非对等结构操作系统

C．客户端 / 服务器操作系统　　D．浏览器 / 服务器操作系统

28．在网络管理中，一般采用（　　）的管理模型。

A．管理者　　B．代理

C．管理者－代理　　D．代理－代理

29．下列有关网络拓扑结构的叙述中，正确的是（　　）。

A．星型结构的缺点是，当需要增加新的工作站时成本比较高

B．树型结构的线路复杂，网络管理也较困难

C．目前局域网中最普遍采用的拓扑结构是总线结构

D．网络的拓扑结构是指网络结点间的分布形式

30．超文本传输协议是（　　）。

A．SMTP　　B．MIME　　C．HTTP　　D．FTP

31．对于 Solaris，以下说法错误的是（　　）。

A．Solaris 是 SUN 公司的高性能 Unix

B．Solaris 运行在许多 RISC 工作站和服务器上

C．Solaris 支持多处理、多线程

D．Solaris 不支持 Intel 平台

32．DNS 是指（　　）。

A．域名服务器　　B．发信服务器

C．收信服务器　　D．邮箱服务器

33．局域网协议集中，（　　）适用于标记环网。

A．IEEE 802.1　　B．IEEE 802.5　　C．IEEE 802.3　　D．IEEE 802.4

34．（　　）可能是某门户网站的 IP 地址。

A．192.186.1.78　　B．127.0.231.15

C．202.113.1.255　　D．203.5.258.1

35．在通信条件下，为解决发送者事后否认曾经发送过这份文件和接收者伪造一份文件并宣称它来自发送方这类的问题，可采用的方法是（　　）。

A．加密机制　　B．数字签名机制

C．访问控制机制　　D．数据完整性机制

36．下列关于加密的说法中，正确的是（　　）。

A．需要进行变换的原数据称为密文

B．经过变换后得到的数据称为明文

C．将原数据变换成一种隐蔽形式的过程称为加密

D．以上都不对

37．若某用户在域名为 mail.nankai.edu.cn 的邮件服务器上申请了一个账号，账号为 wang，则该用户的电子邮件地址是（　　）。

A．mail.nankai.edu.cn@wang　　B．wang@mail.nankai.edu.cn

C．wang%mail.nankai.edu.cn　　D．mail.nankai.edu.cn%wang

38．TCP / IP 应用层协议可以分为三类：一类依赖于面向连接的 TCP 协议，如文件传送协议 FTP；一类依赖于面向连接的 UDP 协议，如简单网络管理协议 SNMP；而另一类则既可依赖 TCP 协议，也可依赖 UDP 协议，如（　　）。

A．网络终端协议 TELNET　　B．简单文件传输协议 TFTP

C．电子邮件协议 SMTP　　D．域名服务 DNS

39．网络防火墙的作用是（　　）。

A．建立内部信息和功能与外部信息和功能之间的屏障

B．防止系统感染病毒与非法访问

C．防止黑客访问

D．防止内部信息外泄

40．以下 URL 的表示，错误的是（　　）。

A．http://netlab.abc.edu.cn　　B．ftp://netlab.abc.edu.cn/

C．gopher://netlab.abc.edu.cn　　D．http://netlab.abC．cn.edu

41．WWW 客户与 WWW 服务器之间的信息传输使用的协议为（　　）。

A．HTML　　B．HTTP　　C．SMTP　　D．IMAP

42．（　　）文件是用户的登录批处理文件。

A．AUTOEXEC.BAT　　B．CONFIG.SYS

C．NET3.NET　　D．IPX.COM

43．在网络管理中，能使网络管理员监视网络运行的吞吐率、响应时间等参数的是（　　）。

A．安全管理　　B．性能管理

C．故障管理　　D．计费管理

44．222.0.0.5 代表的是（　　）。

A．主机地址　　B．广播地址

C．组播地址　　D．单播地址

45．下列叙述中错误的是（　　）。

A．网络新闻组是一种利用网络进行专题讨论的国际论坛

B．USENET 是目前最大规模的网络新闻组

C．早期的 BBS 服务是一种基于远程登录的服务

D．BBS 服务器同一时间只允许一个人登录

46．微型计算机的字长取决于（　　）的宽度。

A．地址总线　　B．控制总线　　C．通信总线　　D．数据总线

47．下列叙述中错误的是（　　）。

A．数字签名可以保证信息在传输过程的完整性

B．数字签名可以保证信息在传输过程的安全性

C．数字签名可以对发送者的身份进行认证

D．数字签名可以防止交易中的抵赖发生

48．信息安全的基本要素包括（　　）。

A．机密性、完整性、可抗性、可控性、可审查性

B．机密性、完整性、可用性、可控性、可审查性

C．机密性、完整性、可抗性、可用性、可审查性

D．机密性、完整性、可抗性、可控性、可恢复性

49．不属于信息传输中以距离为依据的分类的是（　　）。

A．近距通信　　B．近程通信

C．远程通信　　D．超远程通信

50．PPP 认证协议可以使用三种协议，以下（　　）不是其中之一。

A．口令认证协议　　B．挑战握手协议

C．可扩展认证协议　　D．令牌口令认证协议

51. 防火墙自身有一些限制，它不能阻止（　　）。

Ⅰ. 外部攻击　　Ⅱ. 内部威胁　　Ⅲ. 病毒感染

A. Ⅰ　　B. Ⅰ和Ⅱ　　C. Ⅱ和Ⅲ　　D. 全部

52. 下面（　　）加密算法属于对称加密算法。

A. RSA　　B. DSA

C. DES　　D. RAS

53. DDN 和 ISDN 都属于数据通信网，它们的中文名称是（　　）。

A. 数字数据网和综合业务数字网　　B. 数字数据网和帧中继网

C. 分组交换网和综合业务数字网　　D. 帧中继网和分组交换网

54. 按逻辑功能区分，SIP 系统由 4 种元素组成，下列元素中不是 SIP 系统组成元素的是（　　）。

A. 用户代理　　B. 代理服务器

C. 重定向服务器　　D. 用户

55. 陷门攻击的威胁类型属于（　　）。

A. 授权侵犯威胁　　B. 植入威胁

C. 渗入威胁　　D. 旁路控制威胁

56. 使用二进制退避算法，是为了降低再次发生冲突的概率。下列数据帧中发送成功的概率最小的是（　　）。

A. 首次发送的帧　　B. 冲突 1 次的帧

C. 冲突 2 次的帧　　D. 冲突 4 次的帧

57. 网络协议的三要素是语法、语义与时序。语法是关于（　　）。

A. 用户数据与控制信息的结构和格式的规定

B. 需要发出何种控制信息以及完成的动作与做出的响应的规定

C. 事件实现顺序的详细说明

D. 接口原语的规定

58. 分布透明性中，用户程序不必考验数据分布情况的是（　　）。

A. 分片透明　　B. 位置透明

C. 局部数据模型透明　　D. 分布透明

59. 一个中学生出于对黑客的盲目崇拜制作并传播了计算机病毒，威胁了（　　）。

A. 网络中设备设置安全　　B. 网络的财产安全

C. 网络使用者的安全　　D. 网络中可共享资源的安全

60. （ ）不是无线局域网的组成部分。

A. 无线网卡　　B. 无线接入点

C. 以太网交换机　　D. 计算机

二、填空题

请将答案分别写在答题卡中序号为【1】至【20】的横线上，答在试卷上不得分。

1. 非对等结构网络操作系统将联网节点分为网络服务器和【1】。

2. 传统文本都是线性的、顺序的，如果是非线性的、非顺序的则称为【2】。

3. 在扩展ASCII编码标准中，数字1表示为00110001，2表示为00110010，那么1949可以表示为【3】。

4. 应用层上包含了许多使用广泛的协议，传统的协议有提供远程登录的【4】、提供文件传输的FTP，提供域名服务的DNS、提供邮件传输的SMTP和超文本传输协议HTTP等。

5. OSI模型中，传输层的主要任务是向用户提供可靠的端到端的服务，透明的传送【5】。

6. 所谓【6】就是Internet服务与信息资源的提供者，而客户机则是Internet服务和信息资源的使用者。

7. 光纤通信中，光导纤维通过内部的全反射来传输一束经过编码的【7】。

8. 奈奎斯特（Nyquist）准则与【8】定理从定量的角度描述了带宽与速率的关系。

9. 全程型分布数据库的每个站点都【9】数据。

10. 【10】用有助于记忆的符号和地址符号来表示指令，它也称为符号语言。

11. Ethernet Switch可以有多个端口，每个端口可以单独与一个节点连接，也可以与一个共享式Ethernet的集线器HUB连接。如果一个端口只连接一个节点，这类端口通常被称为【11】端口。

12. 有一种域名解析方式，它要求名字服务器系统一次性完成全部名字－地址变换，这种解析方式叫做【12】。

13. 总线按控制方式分为集中式和【13】两种类型。

14. 网络体系结构由两方面组成，一方面是网络层次结构，另一方面是各层的【14】。

15. 工作站根据软、硬件平台的不同，分为两类：一类是基于 RISC 和 UNIX 操作系统的专业工作站，一类是基于 Intel 处理器和 Windows 操作系统的【15】工作站。

16. 当对网络实体进行监控时，管理者只需向代理发出一个监控请求，代理就会自动监控指定的对象，CMIP 的这种监控方式称为【16】。

17. 信息安全包括 5 个基本要素：机密性、完整性、可用性、可控性与【17】。

18. 联邦型分布数据库的各个站点都【18】数据，互不重复。

19. 交换式局域网通过支持交换机端口节点之间的【19】连接来达到增加带宽，提高网络性能的目的。

20. ATM 技术的主要特征有：【20】、面向连接、多路复用和服务质量。

第 17 套

一、选择题

下列各题 A、B、C、D 四个选项中，只有一个选项是正确的，请将正确选项涂写在答题卡相应位置上，答在试卷上不得分。

1．下列关于服务器的说法中，正确的是（　　）。

A．服务器可以选用大型主机和小型计算机

B．服务器只能选用安腾处理器

C．服务器不能选用个人计算机

D．服务器只能选用奔腾和安腾处理器

2．下列网络系统要素中，风险程度最大的是（　　）。

A．系统管理员　　B．计算机　　C．程序　　D．数据

3．系统的可靠性通常用平均无故障时间和平均故障修复时间表示，后者的英文缩写是（　　）。

A．MTBF　　B．MTTR

C．ETBF　　D．ETTR

4．保护网络安全的不现实措施是（　　）。

A．安全策略　　B．防火墙

C．识别和鉴别　　D．限制使用范围

5．下面关于电子邮件（E-mail）的说法中，不正确的是（　　）。

A．发送电子邮件时，通信双方必须都在场

B．电子邮件比人工邮件传送迅速、可靠且范围更广

C．电子邮件可以同时发送给多个用户

D．在一个电子邮件中可以发送给多个用户

6．ATM 采用的传输模式为（　　）。

A．同步并行通信　　B．同步串行通信

C．异步并行通信　　D．异步串行通信

7．以下关于计算机网络特征的描述中，错误的是（　　）。

A．联网的计算机想要互相通信，必须使用相同的网络协议

B. 计算机网络可以分为广域网、局域网、城域网
C. 联网计算机既可以联网工作也可以脱网工作
D. 联网计算机必须使用统一的操作系统

8. 以下描述中，属于 Linux 操作系统主要特点的是（　　）。
A. Linux 操作系统能建立功能强大的企业内部网络
B. Linux 操作系统方便地管理网络与保证网络安全
C. Linux 操作系统允许在同一时间内，运行多个应用程序
D. Linux 操作系统能大大减少网络管理的开支

9. 网络互连后，对用户来说（　　）。
A. 可以使用统一的操作系统
B. 应用软件达到全网一致
C. 互联网结构对用户是透明的
D. 可以不受入网限制

10. 一个功能完备的计算机网络需要指定一套复杂的协议集。对于复杂的计算机网络协议来说，最好的组织方式是（　　）。
A. 连续地址编码模型
B. 层次结构模型
C. 分布式进程通信模型
D. 混合结构模型

11. 信息高速公路指的是（　　）。
A. 传递邮件的高速公路
B. 国家信息基础设施
C. 特快专递
D. 计算机网络

12. （　　）不属于 DOS 下的浏览器。
A. Netscape
B. DosLynx
C. Minuet
D. Chaulotte

13. 计算机种类繁多，下述说法中比较全面的概括是（　　）。
A. 计算机分为巨、大、中、小、微 5 种类型
B. 计算机分为家用、商用、多媒体 3 种类型
C. 计算机分为台式机、便携机、掌上机 3 种类型
D. 计算机分为服务器、工作站、台式机、便携机、掌上机 5 种类型

14. 报文信息包括（　　）。
A. 报头和正文
B. 正文和监控
C. 报头和监控
D. 正文和校验

15. 下列关于 MCS-51 串行通道控制寄存器的叙述，不正确的是（　　）。
A. 可以通过程序对于串行通信口进行设置
B. 串行通道控制寄存器中包括对串行通信口校验位的设置

C. 串行通道控制寄存器中包括对串行通信口中断相应的设置
D. 通过它可以设置定时器对外的计数大小

16. 决定局域网与城域网特性的 3 个主要的技术要素是（　　）。
A. 应用软件、通信机制与安全机制
B. 协议类型、层次结构与传输速率
C. 网络拓扑、传输介质与介质访问控制方法
D. 传输速率、误码率与覆盖范围

17. Internet explorer 是目前流行的浏览器软件，它的主要功能之一是浏览（　　）。
A. 网页文件　　B. 文本文件
C. 多媒体文件　　D. 图像文件

18. 网络管理一般采用管理者—代理模型，这里的管理者指的是（　　）。
A. 网络管理员　　B. 部门经理
C. 公司的管理人员　　D. 一组应用程序

19. 网络信息系统安全管理的原则是（　　）。
A. 多人负责、任期有限、职责分离
B. 多人负责、任期有限、职责统一
C. 专人负责、任期有限、职责分离
D. 专人负责、任期有限、职责统一

20. 802.11b 定义了使用跳频扩频技术的无线局域网标准，传输速率为 1 Mbps、2 Mbps、5.5 Mbps 与 11 Mbps，那么 802.11a 将传输速率提高到（　　）。
A. 21 Mbps　　B. 100 Mbps　　C. 20 Mbps　　D. 54 Mbps

21. 下列关于加密的说法中，错误的是（　　）。
A. 三重 DES 是一种对称加密算法
B. Rivest Cipher5 是一种不对称加密算法
C. 不对称加密又称为公开密钥加密，其密钥是公开的
D. RSA 和 Elgamal 是常用的公钥体制

22. 以下关于 IP 数据报的头部校验和的叙述中，正确的是（　　）。
A. IP 数据报头部校验和的主要作用是保证 IP 头数据的完整性
B. IP 数据报头部校验和的主要作用是保证整个 IP 数据报的完整性
C. IP 数据报头部校验和只对 IP 数据报头部的前 5 个字节进行校验
D. IP 数据报头部校验和只对 IP 数据报数据部分的前 5 个字节进行校验

23. 符合 IEEE 802.5 标准的网桥是由源节点将路由信息加入发送的帧当中，这类网桥被称为

（　　）。

A．第 2 层交换　　B．网关

C．源路由网桥　　D．透明网桥

24．标识重要的网络资源属于（　　）的内容。

A．配置管理　　B．故障管理

C．性能管理　　D．安全管理

25．宽带传输通常使用的速率为（　　）。

A．0~10 Mbit/s　　B．1~2.5 Mbit/s

C．5~10 Mbit/s　　D．0~400 Mbit/s

26．以下关于单机操作系统的描述中，错误的是（　　）。

A．OS / 2 是单任务操作系统

B．在单任务环境中，处理器没有分时机制

C．文件系统通过函数管理硬盘及其存储的文件

D．存储管理可以防止应用程序访问不属于自己的内存

27．下面关于认证技术的说法中，错误的是（　　）。

A．账户名 / 口令认证是最常用的一种认证方式

B．消息认证能够确定接收方收到的信息是否被篡改

C．身份认证是用来对网络中的实体进行验证的方法

D．数字签名是十六进制的字符串

28．SNMP 体系结构设计的基本概念之一是（　　）。

A．保持基于 TCP / IP 的相关性

B．最大程度地保持远程管理的功能，以便充分利用 Internet 网络资源

C．最大限度保持直接管理功能

D．充分强调管理的效能

29．数据包过滤通常安装在（　　）。

A．路由器　　B．专用的工作站系统

C．局域网网卡　　D．以上都不对

30．以下关于 Unix 的说法中，错误的是（　　）。

A．HP-UX 是 IBM 公司的高性能 Unix

B．Unix 系统是多用户、多任务的操作系统

C．HP-UX 符合 POSIX 标准

D．Digital Unix 是目前真正的 64 位操作系统

31. IP 协议负责（　　）。

A. 确认数据报在发送过程中是否受到损坏

B. 确认数据报是否被信宿节点正确接收

C. 数据报的路由选择和路由更换

D. 提供数据报的传输路由查询

32. 下列叙述中正确的是（　　）。

A. 有线电视网络中的用户都是不平等的

B. 电信网是公用网，其覆盖面最广

C. 电信网在通信双方之间建立的是点到点的通信线路

D. 计算机网络是服务范围最小的网络

33. 在因特网中，屏蔽各个物理网络的差异主要通过（　　）协议实现。

A. NETBEIU　　B. IP

C. TCP　　D. SNMP

34. 在帧中继的分组结构中，帧定界结束占（　　）个字节。

A. 1　　B. 2　　C. 3　　D. 3.5

35. 下列关于有线电视网的叙述中，错误的是（　　）。

A. 有线电视网是一种模拟网络　　B. 有线电视网一般覆盖一个城市范围

C. 有线电视网采用树型拓扑结构　　D. 有线电视网传输的形式最多

36. 在以下四个 WWW 网址中，不符合 WWW 网址书写规则的是（　　）。

A. www.163.com　　B. www.nk.cn.edu

C. www.863.org.cn　　D. www.tj.net.jp

37. 下列不属于网络管理协议的是（　　）。

A. SNMP　　B. UNIX　　C. CMIS / CMIP　　D. LMMP

38. 我们说公钥加密比常规加密更先进，这是因为（　　）。

A. 公钥是建立在数学函数基础上的，而不是建立在位方式的操作上的

B. 公钥加密比常规加密更具有安全性

C. 公钥加密是一种通用机制，常规加密已经过时了

D. 公钥加密是算法的额外开销少

39. 下面的协议中，用于实现互联网中交互式文件传输功能的是（　　）。

A. DNS　　B. FTP

C. TELNET　　D. RIP

40. 在 USENET 中，关于计算机话题的讨论组是（　　）。

A. comp　　B. sci

C. comput　　D. cct

41. 作业在系统中存在与否的唯一标志是（　　）。

A. 作业控制块　　B. 源程序　　C. 线程　　D. 目标程序

42. 信息高速公路是指（　　）。

A. Internet　　B. 国家信息基础结构

C. 智能化高速公路建设　　D. 高速公路的信息化建设

43. 在 Telnet 中，利用 NVT 的主要目的是（　　）。

A. 进行多路复用　　B. 屏蔽不同终端系统之间的差异

C. 提高文件传输性能　　D. 匿名登录远程主机

44. 利用共享的传输介质把上网的计算机连接起来的局域网称为（　　）。

A. 共享介质局域网　　B. 交换局域网

C. 共享交换局域网　　D. 交换介质局域网

45. 下列关于 IP 地址的说法中，错误的是（　　）。

A. IP 地址由两部分组成：网络地址和主机地址

B. 网络中的每台主机分配了唯一的 IP 地址

C. P 地址可分为三类：A，B，C

D. 随着网络主机的增多，IP 地址资源将要耗尽

46. 甲通过计算机网络给乙发消息，说其同意签定合同。随后甲反悔，不承认发过该条消息。为了防止这种情况发生，应在计算机网络中采用（　　）。

A. 消息认证技术　　B. 数据加密技术

C. 防火墙技术　　D. 数字签名技术

47. 全球多媒体网络研究的领域之一是（　　），它是指用户所看到的网络的性能指标。

A. 服务质量　　B. 超媒体

C. 体系结构　　D. 电子商务

48. NetWare 操作系统是（　　）公司的产品。

A. Microsoft　　B. Novell　　C. Sun　　D. Inprise

49. 密钥生存周期主要经历（　　）个阶段。

A. 6　　B. 5　　C. 4　　D. 3

50. 下列关于美国国防部安全准则的说法中，正确的是（　　）。

A. 美国国防部安全准则包括 4 个级别：A、B、C、D，其中 A 级级别最高

B. B3 级称为结构化保护

C. Windows 2000 能够达到 C2 级

D. B1 级不支持多级安全

51. 一个作业通常由（　　）组成。

A. 程序、数据和进程控制块　　B. 程序、线程和进程控制块

C. 程序、数据和作业说明书　　D. 以上都不对

52. （　　）是以中断处理为依据划分的中断类型。

A. 可屏蔽中断　　B. 输入输出中断

C. 软件中断　　D. 数据通道中断

53. IPSec 不能提供（　　）服务。

A. 流量保密　　B. 数据源认证　　C. 拒绝重放包　　D. 文件加密

54. CA 安全认证系统中，通过（　　）来确认对方身份。

A. 证书　　B. 口令

C. 私钥　　D. 指纹

55. 数据通过通信子网的基本交换方式有：线路交换和（　　）两种类型。

A. 存储转发　　B. 报文交换

C. 分组交换　　D. 数据报

56. 关于数字证书的描述中，错误的是（　　）。

A. 证书通常由认证中心发放

B. 证书携带持有者的公开密钥

C. 证书通常携带持有者的基本信息

D. 证书的有效性可以通过验证持有者的签名获知

57. 网桥对互连的网络在数据链路层以上的协议（　　）。

A. 不关心　　B. 要求不能相同

C. 既可以相同，也可以不同　　D. 统一使用一种协议

58. 快速以太网使用的传输介质是双绞线或光纤，其数据传输速率为（　　）Mbps。

A. 10　　B. 100　　C. 200　　D. 500

59. 以下关于 ADSL 技术的说法中，错误的是（　　）。

A. ADSL 可以有不同的上下行传输速率

B．ADSL 系统由中央交换局侧的局端模块和用户侧的远端模块组成

C．ADSL 信号可以与语音信号在同一对电话线上传输

D．ADSL 的非对称性表现为客户端 / 服务器连接模式

60．下列关于 ATM 技术的说法中正确的是（　　）。

A．ATM 的中文名称是同步传输模式　　B．ATM 实际上属于电路交换

C．到目前为止，ATM 标准仍不十分完善　　D．ATM 实际上属于分组交换

二、填空题

请将答案分别写在答题卡中序号为【1】至【20】的横线上，答在试卷上不得分。

1．如果系统发生死锁，参与死锁的进程个数至少是【1】。

2．批处理操作系统的特点是多道和【2】。

3．研究操作系统有两种观点，即资源管理观点和【3】。

4．早期的计算机网络从逻辑功能上分为资源子网和【4】两个部分。

5．误码率是指二进制码元在数据传输系统中被传错的【5】。

6．网络中的核心层是运输层，负责通信子网的最高层是【6】。

7．计算机网络拓扑主要是指【7】子网的拓扑构型，它对网络性能、系统可靠性与通信费用都有重大影响。

8．根据引起中断事件的重要性和紧迫程度，由硬件将中断源划分为若干个级别，称为【8】。

9．如果一个通信系统传输的信息是数据，则称这种通信为【9】。

10．NetWare 操作系统是以【10】为中心的。

11．下图为一个简单的互联网示意图。其中，路由器 Q 的路由表中达到网络 40.0.0.0 的下一跳步 IP 地址应为【11】。

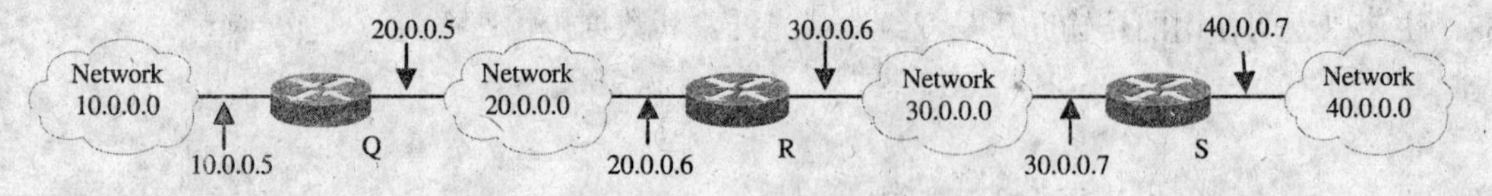

12．宽带网络中的相关技术分为 3 类：传输技术、交换技术和【12】。

13．电子邮件服务器采用【13】工作模式，一个用户要想利用这个服务器进行电子邮件的发送和接收，就必须在这个服务器中拥有账号。

14．网络管理者和代理之间的信息交换可以分为两种：从管理者到代理的管理操作和从代理到管理者的【14】。

15．信息安全主要包括 3 个方面：物理安全、【15】和安全服务。

16．按覆盖的地理范围分类，计算机网络可以分成局域网、城域网和【16】。

17．在计算机通过线路控制器与远程终端直接相连的系统中，计算机既要进行数据处理，又要承担【17】，主计算机负荷加重，实际工作效率下降，而且分散的终端都要单独占用一条通信线路，通信线路利用率低，费用高。

18．防火墙设计策略包括网络策略和【18】策略。

19．环型拓扑的优点是结构简单，容易实现，传输延迟确定，适应传输负荷较重、【19】要求较高的应用环境。

20．从静态的观点看，操作系统中的进程是由程序段、【20】和进程控制块（PCB）3 部分组成的。

第18套

一、选择题

下列各题A、B、C、D四个选项中，只有一个选项是正确的，请将正确选项涂写在答题卡相应位置上，答在试卷上不得分。

1. Netware的各类网桥中，用于在电缆线允许的长度范围内互连网络的网桥叫（　　）。
   A. 内桥　　B. 外桥　　C. 本地外桥　　D. 远程外桥

2. 有一条用十六进制表示指令为CD21，用二进制表示为（　　）。
   A. 1101110000100001　　B. 1100110100100001
   C. 1100110100010010　　D. 1101110000010010

3. 下面关于网络操作系统的叙述中，不正确的是（　　）。
   A. 非对等结构网络操作系统软件分为两部分：一部分运行在服务器上，另一部分运行在工作站上
   B. 对等结构网络操作系统的优点是结构相对简单
   C. 网络操作系统分为两部分：网络服务器、网络工作站
   D. 对等结构网络操作系统的缺点是每台连网节点既要完成工作站的功能，又要完成服务器的功能

4. 关于计算机机型的描述中，错误的是（　　）。
   A. 服务器具有很高的安全性和可靠性
   B. 服务器的性能不及大型机、超过小型机
   C. 工作站具有良好的图形处理能力
   D. 工作站的显示器分辨率比较高

5. 局域网的网络软件主要包括（　　）。
   A. 服务器操作系统、网络数据库管理系统和网络应用软件
   B. 网络操作系统、网络数据库管理系统和网络应用软件
   C. 网络传输协议和网络应用软件
   D. 工作站软件和网络数据库管理系统

6. 以下关于应用软件的描述中，正确的是（　　）。
   A. Internet Explorer是网页浏览软件
   B. CorelDraw是投影演示软件

C. 电子表格软件有 Excel、Access

D. WPS 2000 是金山公司出品的单纯的字处理软件

7. B 类 IP 地址中，网络号所占的二进制位数为（　　）。

A. 14　　B. 6　　C. 7　　D. 8

8. 鲍伯给文件服务器发命令，要求删除文件 Bob.doc。文件服务器上的认证机制要确定的问题是（　　）。

A. 这是鲍伯的命令吗？

B. 鲍伯有权删除文件 Bob.doc 吗？

C. 鲍伯采用的 DES 加密算法的密钥长度是多少位？

D. 鲍伯发来的数据中有病毒吗？

9. 在采用点一点通信线路的网络中，由于连接多台计算机之间的线路结构复杂，因此确定分组从源节点通过通信子网到达目的节点的适当传输路径需要使用（　　）。

A. 差错控制算法　　B. 路由选择算法

C. 拥塞控制算法　　D. 协议变换算法

10. 用同轴电缆组网，用（　　）Ω 的基带同轴电缆组成细缆以太网。

A. 50　　B. 75　　C. 90　　D. 40

11. 在数据分布中，依据其他关系中的条件，把本关系中的数据进行分片的是（　　）。

A. 垂直分布　　B. 水平分布

C. 导出分布　　D. 混合分布

12. 如果某局域网的拓扑结构是（　　），则局域网中任何一个节点出现故障都不会影响整个网络的工作。

A. 总线型结构　　B. 树型结构

C. 环型结构　　D. 星型结构

13. 下述说法中，不正确的是（　　）。

A. 笔记本电脑是手持设备　　B. PDA 是手持设备

C. 掌上电脑是手持设备　　D. 3G 手机是手持设备

14. 中断处理结束后，需要重新选择运行的进程，此时，操作系统将控制转移到（　　）。

A. 原语管理模块　　B. 进程控制模块

C. 恢复现场模块　　D. 进程调度模块

15. 计算机网络是由多个互连的结点组成的，节点之间要做到有条不紊地交换数据，每个节点都必须遵守一些事先约定好的原则。这些规则、约定与标准被称为网络协议(Protocol)。

网络协议主要由以下三个要素组成（　　）。

A. 语义、语法与体系结构　　B. 硬件、软件与数据

C. 语义、语法与时序　　D. 体系结构、层次与语法

16. 在微机的性能指标中，外存储器容量通常是指（　　）。

A. ROM 的容量　　B. 硬盘的容量

C. ROM 和 RAM 的总和　　D. CD-ROM 容量

17. 在笔记本电脑中，使用的网卡是（　　）。

A. 标准以太网卡　　B. 快速以太网卡

C. PCMCIA　　D. 自适应网卡

18. 在因特网电子邮件系统中，电子邮件应用程序（　　）。

A. 发送邮件和接收邮件通常都使用 SMTP 协议

B. 发送邮件通常使用 SMTP 协议，而接收邮件通常使用 POP3 协议

C. 发送邮件通常使用 POP3 协议，而接收邮件通常使用 SMTP 协议

D. 发送邮件和接收邮件通常都使用 POP3 协议

19. 在直接交换方式中，局域网交换机只要接收并检测到目的地址字段，就立即将该帧转发出去，而不管这一帧数据是否出错。帧出错检测任务由（　　）设备完成。

A. 源主机　　B. 目的主机　　C. 中继器　　D. 集线器

20. 网卡按所支持的传输速率进行分类时，不包括（　　）。

A. 双绞线网卡　　B. 10 M 网卡　　C. 100 M 网卡　　D. 1 000 M 网卡

21. 下面（　　）是产生死锁的必要条件。

Ⅰ. 互斥条件　　Ⅱ. 不可剥夺条件　　Ⅲ. 部分分配　　Ⅳ. 循环等待

A. Ⅰ　　B. Ⅱ

C. Ⅰ、Ⅱ、Ⅳ　　D. Ⅰ、Ⅱ、Ⅲ、Ⅳ

22. 实现协议转换的的设备是（　　）。

A. repeater　　B. bridge

C. router　　D. gateway

23. 使用基带同轴电缆传输数字信号最大传输距离可以达到（　　）。

A. 800 km　　B. 80 km　　C. 8 km　　D. 800 m

24. 在 Internet 上，网页是采用（　　）语言制作的。

A. C++　　B. PASCAL

C. HTML　　D. HTTP

25. 如果要组建一个快速以太网，那么不一定需要使用以下（　　）。

A. 双绞线或光缆　　B. 路由器

C. 100 BASE-T 交换机　　D. 100 BASE-T 网卡

26. 在网络管理中，如果路由选择策略的管理不好，将影响（　　）。

A. 传输开销　　B. 网络安全　　C. 流量控制　　D. 故障诊断

27. 数据链路层在物理层提供比特流传输服务的基础上，在通信的实体之间建立数据链路连接，传送的数据单元是（　　）。

A. 比特 bit　　B. 帧 frame　　C. 分组 packet　　D. 报文 message

28. 使用窗口、菜单、图标、对话框等方式进行操作和控制的用户界面被称为（　　）。

A. 图形用户界面　　B. 字符用户界面

C. 多媒体用户界面　　D. 智能用户界面

29. 下列关于网络操作系统的表述中，错误的是（　　）。

A. 网络操作系统可分为面向任务型和通用型

B. 面向任务型网络操作系统又可分为变形系统与基础级系统

C. 网络操作系统经历了从对等结构向非对等结构演变的过程

D. 对等结构网络操作系统的优点是：结构相对简单，网中任何结点之间均能直接通信

30. 可以用（　　）对故障的整个生命周期进行跟踪。

A. 故障标签　　B. 记录　　C. 报告　　D. 符号

31. RS-232C 串行总线接口规定使用的 9 针或 25 针插口各个脚所代表的意义。这个属于物理层接口的（　　）。

A. 机械特性　　B. 规程特性　　C. 电气特性　　D. 功能特性

32. 通信线路的带宽是描述通信线路的（　　）。

A. 纠错能力　　B. 物理尺寸

C. 互联能力　　D. 传输能力

33. 目前主要运营的网络系统包括（　　）。

A. 电信网、有线电视网和计算机网

B. 电信网、电话网和计算机网

C. 电话网、有线电视网和计算机网

D. 以上都不对

34. 在广域网上提高通信速度的技术中，ATM 技术属于（　　）的方法。

A. 彻底改造现有通信设备　　B. 提高中间节点对信号的转发效率

C．彻底改造现有通信线路　　　　D．成本最高

35．家庭计算机用户上网可使用的技术是（　　）。

Ⅰ．电话线加上 MODEM

Ⅱ．有线电视电缆加上 Cable MODEM

Ⅲ．电话线加上 ADSL

Ⅳ．光纤到户（FTTH）

A．Ⅰ，Ⅲ　　　　B．Ⅱ，Ⅲ

C．Ⅱ，Ⅲ，Ⅳ　　　　D．Ⅰ，Ⅱ，Ⅲ，Ⅳ

36．通信距离在一米左右时使用（　　）。

A．并行接口　　　　B．串行接口

C．同轴电缆　　　　D．光缆

37．HP Advanced Stack 可叠堆式集线器（10 BASE-T）最多可叠堆（　　）个集线器。

A．17　　B．14　　C．16　　D．15

38．一个路由器的路由表通常包含（　　）。

A．目的网络和到达该目的网络的完整路径

B．所有的目的主机和到达该目的主机的完整路径

C．目的网络和到达该目的网络路径上的下一个路由器的 IP 地址

D．互联网中所有路由器的 IP 地址

39．在文件系统中，下列关于当前目录（工作目录）的叙述中，不正确的是（　　）。

A．提高文件目录检索速度

B．减少启动硬盘的次数

C．利用全路径名查找文件

D．当前目录可以改变

40．10 BASE-5 中的 10 表明数据传输速率是（　　）。

A．10 Mbps　　B．100 Mbps　　C．1 Gbps　　D．10 Gbps

41．进程由（　　）组成。

A．线程、数据和进程控制块　　　　B．程序、数据和进程控制块

C．程序、线程和进程控制块　　　　D．程序、数据和线程

42．在 WWW 服务中，用户的信息检索可以从一台 Web Server 自动搜索到另一台 Web Server，它所使用的技术是（　　）。

A．hyperlink　　　　B．hypertext

C．hypermedia　　　　D．HTML

43．操作系统在计算机运行过程中能处理内部和外部发生的各种突发事件，因为使用了（　　）。

A．进程处理　　B．中断处理　　C．通道处理　　D．批处理

44．对于 IP 地址中的网络号部分，在子网屏蔽码中用（　　）表示。

A．0　　B．1　　C．11　　D．111

45．美国国防部与国家标准局将计算机系统的安全性划分为不同的安全等级。下面的安全等级中，最低的是（　　）。

A．A1　　B．B1

C．C1　　D．D1

46．下列关于 TCP / IP 的描述中，正确的是（　　）。

A．最早用于 ARPANET 的数据传输协议就是 TCP / IP 协议

B．TCP / IP 网间网是一个端到端系统

C．TCP / IP 可以解决甚至应用层协议都不相同的异种网间的互联问题

D．TCP / IP 是第一个网络协议

47．电信网的发展速度很快，目前，电信网没有实现的是（　　）。

A．从电子通信到量子通信　　B．从电缆到光缆

C．从模拟到数字　　D．从 PDH 到 SDH

48．Elgamal 公钥体制在原理上基于（　　）。

A．Euler 定理　　B．离散对数

C．椭圆曲线　　D．歌德巴赫猜想

49．TCP/IP 参考模型的互连层与 OSI 参考模型的（　　）层相对应。

A．物理层　　B．物理层与数据链路层

C．网络层　　D．网络层与传输层

50．使用光纤最大传输距离可以达到（　　）。

A．800 km　　B．80 km

C．8 km　　D．800 m

51．关于 OSI 参考模型的陈述中，正确的是（　　）。

A．每层都要加一部分数据

B．真正传输的数据只有很小一部分，控制头大

C．物理层不加一部分数据

D．真正传输的数据很大，而控制头小

52. 使用笔迹识别进行的身份认证属于（　　）。

A. 口令机制　　B. 数字签名　　C. 个人特征　　D. 个人持证

53. 某计算机通过键盘发送数据，其发送受通信软件的控制，结果接收方接收的数据与通过键盘输入的数据不一样，而系统无故障，这说明该通信软件具有（　　）功能。

A. 文字过滤　　B. 转换表

C. 数据压缩　　D. 终端仿真

54. 二进制数据在线路传播时，要求收发双方依据一定的方式将数据表现成某种编码称为（　　）。

A. 数据编码技术　　B. 数字编码技术

C. 数字数据的数字信号编码技术　　D. 数字数据的调制编码技术

55. 支持 IP 多播通信的协议是（　　）。

A. ICMP　　B. IGMP

C. RIP　　D. OSPF

56. 下列说法中错误的是（　　）。

A. 在令牌环网中，环路上最多只允许有一个令牌，故不会发生冲突

B. 在令牌环网中，环路上的数据帧要由发送站点负责从环路上撤销

C. 在令牌环网中，环路上的数据帧要由接收站点负责从环路上撤销

D. 在一个令牌环网中，环路上的令牌只能沿一个方向传输

57. TCP / IP 分层模型中的 4 层是指（　　）。

A. 应用层、传输层、网间网层、网络接口层

B. 应用层、网络层、数据链路层、物理层

C. 应用层、传输层、网间网层、物理层

D. 应用层、网络层、传输层、网络接口层

58.（　　）不是 ATM 协议层。

A. 物理层　　B. ATM 层

C. ATM 适配层　　D. ATM 交换层

59. 在 ATM 协议中，适配层 CS 中的本身又分成（　　）个子层。

A. 2　　B. 3　　C. 4　　D. 5

60. 判断两台主机是否在一个子网之中，可以利用（　　）来确定。

A. IP 地址　　B. 子网掩码

C. 域名　　D. 统一资源定位器

二、填空题

请将答案分别写在答题卡中序号为【1】至【20】的横线上，答在试卷上不得分。

1．从 80386 开始，Intel 系列 CPU 升级到【1】位。

2．常用的 IP 地址有 A、B、C 三类，128.11.3.31 是一个【2】类 IP 地址。

3．在 CPU 中设置两个 Cache，将数据与指令分开存储，这种结构称为【3】。

4．在互联网上，应用最多的服务是【4】。

5．即时通信系统一般采用中转模式和【5】两种通信模式。

6．多媒体硬件系统的标志性组成有光盘驱动器、A / D 与 D / A 转换、高清晰彩显以及【6】硬件支持。

7．电子邮件的每一个用户必须有信箱，每一个信箱具有独自的地址，这种地址是一种【7】，一般位于文件服务器或电子邮件服务器的硬盘上。

8．光纤接入网的拓扑结构有总线型、【8】、星型和树型。

9．域模式的最大好处是具有【9】登录功能，用户只要在域中有一个账户，就可以在整个网络中漫游。

10．我国有关部门制定了金桥、金关、【10】“三金工程”。

11．进程的三个最基本状态是准备（就绪）、执行和【11】。

12．网络管理的五大功能是：配置管理、【12】、性能管理、计费管理、安全管理。

13．FTP 站点如果没有特殊声明，匿名账号一般为【13】。

14．【14】结构局域网操作系统将节点计算机分为网络服务器和网络工作站。

15．局域网中所使用的双绞线分为两类：屏蔽双绞线和【15】双绞线。

16．局域网操作系统可以分为面向任务型和【16】两大类。

17．在电信管理网中，管理者和代理之间的管理信息交换是通过 CMIP 和【17】实现的。

18. 同步技术有位同步和【18】同步两种方法。

19.【19】是指修改计算机程序，使它在某种特殊条件下按某种不同的方式运行，逻辑炸弹常用于盗用或随机地改变某些数据。

20. 在 Novell 网中，目录的创建和授权主要是【20】的工作。

第19套

一、选择题

下列各题A、B、C、D四个选项中，只有一个选项是正确的，请将正确选项涂写在答题卡相应位置上，答在试卷上不得分。

1.（　　）不是信息技术发展的主要表现。

A．计算机技术的发展与计算机的广泛应用

B．通信技术的高度发展与广泛应用

C．计算机网络的发展与信息高速公路建设的兴起

D．计算机病毒的泛滥

2．在IEEE 802协议中，（　　）标准定义了局域网安全性规范。

A．IEEE 802.9　　B．IEEE 802.8

C．IEEE 802.7　　D．IEEE 802.8

3．地球同步卫星运行于距地面3千万米的太空中，它可以覆盖地球（　　）以上的地区。

A．1/4　　B．1/2　　C．3/4　　D．1/3

4．基于网络安全的需要，网络操作系统一般提供了四级安全保密机制，注册安全性、用户信任者权限与（　　）。

①最大信任者权限屏蔽

②物理安全性

③目录与文件属性

④协议安全性

A．①和②　　B．①和③　　C．②和③　　D．③和④

5．以下关于主板的描述中，错误的是（　　）。

A．按CPU插座分类有Slot 主板、Socket主板

B．按主板的规格分类有TX主板、LX主板

C．按数据端口分类有SCSI主板、EDO主板

D．按扩展槽分类有PCI主板、USB主板

6．计算机网络中的主机和申请资源的终端构成（　　）。

A．通信子网　　B．资源子网

C．网络节点　　D．通信链路

7. 为了验证带数字签名邮件的合法性，电子邮件应用程序（如 Outlook Express）会向（　　）。

A. 相应的数字证书授权机构索取该数字标识的有关信息

B. 发件人索取该数字标识的有关信息

C. 发件人的上级主管部门索取该数字标识的有关信息

D. 发件人使用的 ISP 索取该数字标识的有关信息

8. 计算机网络的基本分类主要有两种：一种是根据网络所使用的传输技术；另一种是根据（　　）。

A. 网络协议　　B. 网络操作系统类型

C. 覆盖范围与规模　　D. 网络服务器类型与规模

9. 以下诸因素中，对信号的传输质量没有影响的是（　　）。

A. 信号的意义　　B. 发送接收装置

C. 通信线路　　D. 传送的信号

10. 所谓"拥塞"是指（　　）。

A. 通信干网中的数据量超过了其数据处理能力，而使得网络操作停顿

B. 通信子网中的数据量超过了其数据处理能力，而丢弃报文

C. 网络的处理能力随着输入的负荷增大而下降

D. 网络的吞吐量随着输入的负荷增大而下降

11. 数据传输速率在数值上等于每秒钟传输构成数据代码的二进制比特数，它的单位为比特 / 秒，通常记作（　　）。

A. B / S　　B. bps　　C. bpers　　D. baud

12. Internet 的第三代应用是（　　）。

A. 将 Internet 的应用搬到机构组织内部

B. 将传统的 MIS 系统向 Internet 上搬迁

C. 将管理理念与先进的 Intranet 技术有机地结合起来

D. 将 Web 和数据库相结合

13. 下述关于安腾芯片的叙述中，不正确的是（　　）。

A. 安腾是从 32 位向 64 位过渡的芯片，但它仍是 32 位芯片

B. 安腾主要用于服务器和工作站

C. 安腾的创新技术是简明并行指令计算

D. 安腾能使电子商务平稳地运行

14. 在点一点式网络中，每条物理线路连接一对计算机。假如两台计算机之间没有直接连接的线路，那么它们之间的分组传输就要通过中间节点的（　　）。

A. 转发　　B. 广播　　C. 接入　　D. 共享

15. 在基于 IP 协议的传输协议中，适于发送实时性要求大于正确性要求的信息的协议是（　　）协议。

A. TCP　　B. UDP　　C. DNS　　D. FTP

16. 一个计算机控制系统至少要包括（　　）。

A. 被控对象、控制用计算机、输入通道、输出通道

B. 控制用计算机、输入通道、输出通道

C. 被控对象、输入通道、输出通道

D. 被控对象、控制用计算机

17. 下面关于 B-ISDN 的叙述中，错误的是（　　）。

A. B-ISDN 的中文名称是宽带综合业务数字网

B. B-ISDN 的核心技术是采用异步传输模式（ATM）

C. B-ISDN 的带宽可以在 155 Mb / s 以上

D. 宽带综合业务数字网的协议分为 3 面和 6 层

18. 快速以太网与传统的 10 M bps 以太网相同的是（　　）。

Ⅰ. 接口　　Ⅱ. 组网方法　　Ⅲ. 介质访问控制方法　　Ⅳ. 帧格式

A. Ⅰ、Ⅱ　　B. Ⅰ、Ⅱ、Ⅲ

C. Ⅰ、Ⅱ、Ⅳ　　D. 都相同

19. 交换机帧转发的（　　）方式，只检测帧的前 64 个字节。

A. 直接交换　　B. 改进直接交换

C. 存储转发交换　　D. ATM

20. 下列有关中继器作用的说法中，错误的是（　　）。

A. 用来扩展网络长度，对衰减的信号进行整形和放大

B. 可用来实现网段之间的隔离

C. 用来扩展网络的长度

D. 对信号进行原样传输，能够实现网络故障的隔离

21. 按传输介质类型，以太网卡主要分为粗缆网卡、细缆网卡、双绞线网卡与（　　）。

A. RJ-11 网卡　　B. 光纤网卡

C. CATV 网卡　　D. ADSL 网卡

22. 从我们通常所说的“三网合一”中的“三网”是指电信网、（　　）和计算机网。

A. 交换网　　B. 接入网

C. 有线电视网　　D. 虚拟局域网

23. 在下列信息中，（　　）是进程控制块中应该保存的。

Ⅰ. 进程名和进程号

Ⅱ. 进程运行现场信息

Ⅲ. 当前打开文件信息

A. Ⅰ 和 Ⅱ　　B. Ⅰ 和 Ⅲ

C. Ⅱ 和 Ⅲ　　D. Ⅰ、Ⅱ 和 Ⅲ

24. 针对不同的传输介质，网卡提供了相应的接口。适用于粗缆的网卡应提供（　　）。

A. AUI 接口　　B. 光纤 F / O 接口

C. RJ-45 接口　　D. BNC 接口

25. 按传输媒体分，找出选项中不同的一项（　　）。

A. 微波　　B. 光纤　　C. 激光　　D. 红外线

26. 如果数据报分段到达目的主机时顺序出现混乱，则需要（　　）。

A. 进行数据报分组　　B. 进行数据报重装

C. 对数据报进行取舍　　D. 进行路由选择处理

27. WWW 浏览器浏览的基本文件类型是（　　）。

A. HTML 文件　　B. GIF 文件　　C. JPEG 文件　　D. SOUND 文件

28. 对于 Windows 2000 Server，以下说法错误的是（　　）。

A. 域是它的基本管理单位

B. 活动目录服务是它最重要的功能之一

C. 域控制器分为主域控制器和备分域控制器

D. 它不划分全局组和本地组

29. 下面关于 LAN 的叙述中，错误的是（　　）。

A. LAN 一般属于一个单位所有

B. LAN 提供高数据传输速率（100 MB/s～1 000 MB/s）

C. LAN 可分为共享式局域网与交换式局域网

D. LAN 的中文名称是局域网

30. NetWare 操作系统是以文件服务器为中心的，它主要由（　　）几部分组成。

A. 文件服务器内核、工作站外壳、低层通信协议

B. 文件服务器内核、工作站内核、低层通信协议

C. 文件服务器内核、工作站外壳

D. 文件服务器内核、低层通信协议

31. 关于 Unix 操作系统的特性，以下说法（　　）是错误的。

A. Unix 是一个支持多任务、多用户的操作系统

B. Unix 本身由 Pascal 语言编写，易读、易移植

C. Unix 提供了功能强大的 Shell 编程语言

D. Unix 的树型结构文件系统有良好的安全性和可维护性

32. 物理层规范 10 BROAD－36 采用的是（ ）。

A. 50 Ω

B. 75 Ω 同轴电缆

C. 3 类双绞线

D. 光纤

33. IEEE 802 标准在数据链路层上设置网际互联功能，其中，流量控制、差错控制处理等功能放在（ ）完成。

A. LLC 子层

B. MAC 子层

C. 物理层

D. 传输层

34. 可以实现断点续传的 FTP 下载方法是（ ）。

A. FTP 命令行 B. 浏览器 C. FTP 下载工具 D. 都可以

35. 在存储系统中，不是易失性存储器的是（ ）。

Ⅰ. ROM Ⅱ. PROM Ⅲ. EPROM Ⅳ. RAM

A. 全不是

B. Ⅰ，Ⅱ和Ⅲ

C. Ⅱ，Ⅲ和Ⅳ

D. Ⅲ和Ⅳ

36. 在通信子网内部，（ ）允许分组含有电路号，而不必是目的端的全地址。

A. 虚电路方式

B. 数据报方式

C. 虚电路方式和数据报方式

D. 以上都不对

37. 域名解析的两种主要方式为（ ）。

A. 直接解析和间接解析

B. 直接解析和递归解析

C. 间接解析和反复解析

D. 反复解析和递归解析

38. 由于服务器处理的数据都很庞大，例如数据库、数据挖掘、决策支持以及像电子设计自动化等等应用，因而需要 64 位的安腾处理器。它采用的创新技术是（ ）。

A. 复杂指令系统计算 CISC

B. 精简指令系统计算 RISC

C. 复杂并行指令计算 CPIC

D. 简明并行指令计算 EPIC

39. 数字时间戳是（ ）。

A. 由 DTS 进行加密

B. 由发送方加密

C. 由接收方加密

D. 不需要加密

40．决定计算机字长的是（　　）的宽度。

A．数据总线　　B．控制总线

C．地址总线　　D．通信总线

41．电子邮件应用程序实现 SMTP 的主要目的是（　　）。

A．创建邮件　　B．管理邮件　　C．发送邮件　　D．接收邮件

42．顺序存储方式的优点是（　　）。

A．存储密度大　　B．插入运算方便

C．删除运算方便　　D．可以方便地用于各种逻辑结构的存储表示

43．因特网的主要组成部分包括（　　）。

A．通信线路、路由器、服务器和客户机信息资源

B．客户机与服务器、信息资源、电话线路、卫星通信

C．卫星通信、电话线路、客户机与服务器、路由器

D．通信线路、路由器、TCP / IP 协议、客户机与服务器

44．简单网络管理协议 SNMP 处于网络体系结构的（　　）。

A．互联层　　B．传输层　　C．应用层　　D. 逻辑链路控制层

45．要在 WWW 服务器上检索和显示超级文本，就必须使用（　　）

A．浏览器　　B．FTP 客户程序

C．Telnet 客户程序　　D．BBS

46．下列关于接入网技术的叙述中，错误的是（　　）。

A．接入网包括的范围可由 3 个接口来标志

B．接入网是由业务节点接口和相关用户网络接口之间的一系列传送实体所组成

C．光纤接入、铜线接入、光纤同轴混合接入和无线接入等均可作为接入网技术工具使用的媒体

D．光纤通信具有通信容量大、质量高等优点，但易受电磁干扰

47．将一个序列的输入元素进行连续处理，生成一个输出序列，这种加密技术称为（　　）。

A．置换密码　　B．序列密码　　C．分组密码　　D．易位密码

48．数字用户线路接入技术种类很多，其中非对称数字用户线是（　　）。

A．HTML　　B．ADSL

C．ISDN　　D．SMDS

49．下列说法错误的是（　　）。

A．服务攻击是针对某种特定网络的攻击

B. 非服务攻击是针对网络层协议而进行的
C. 主要的渗入威胁有特洛伊木马和陷门
D. 潜在的网络威胁主要包括窃听、通信量分析、人员疏忽和媒体清理等

50. 下列说法中，正确的是（　　）。
A. 采用令牌总线的站点在物理连线上是总线型的，但在逻辑上却是环型结构
B. 采用令牌总线的站点在物理连线上是环型的，但在逻辑上却是总线型结构
C. 采用令牌总线的站点在物理连线上是总线型的，在逻辑上也是总线型结构
D. 以上都不对

51. 如果每次登录 QQ 时，系统都会自动发送一封邮件到一个陌生邮箱，那么可以怀疑 QQ 程序已经被黑客植入（　　）。
A. 蠕虫　　B. FTP 服务程序
C. 特洛伊木马　　D. 陷门

52. 现行 IP 地址分为（　　）段。
A. 2　　B. 4
C. 6　　D. 8

53. 为了方便用户使用，Internet 中有很多数据服务中心提供了一种匿名 FTP 服务。用户登录时可以用（　　）。
A. WWW 地址与统一资源定位器 URL
B. 主机 IP 地址与 E-mail 地址作为口令
C. anonymous 作为用户名，自己的 E-mail 地址作为口令
D. 节点的 IP 地址

54. 采用直接交换方式的 Ethernet 中，承担出错检测任务的是（　　）。
A. 结点主机　　B. 交换机
C. 路由器　　D. 结点主机与交换机

55. IEEE 802.4 标准是一种（　　）标准。
A. Token Ring　　B. FDDI
C. Token Bus　　D. CSMA / CD

56. （　　）推出了一套用于对调制解调器进行编程的命令，这些命令以 AT 打头，称为 AT 指令集。
A. Hayes 公司　　B. Microsoft 公司
C. IBM 公司　　D. CCITT

57．关于 Windows 的描述中，错误的是（　　）。

A．启动进程的函数是 CreateProcess

B．通过 GDI 调用作图函数

C．可使用多种文件系统管理磁盘文件

D．内存管理不需要虚拟内存管理程序

58．ATM 中的“A”说明 ATM 的信元（　　）。

A．是异步发出，某一用户的信元可以异步发出与接收

B．使用异步串行通信

C．使用异步控制模式

D．是同步发出，但是某一用户的信元可以异步发出与接收

59．目前常用的网络操作系统（Windows NT Server）是（　　）结构的。

A．层次　　B．对等　　C．非层次　　D．非对等

60．异步传输模式技术中“异步”的含义是（　　）。

A．采用的是异步串行通信技术

B．网络接口采用的是异步控制方式

C．周期性地插入 ATM 信元

D．随时插入 ATM 信元

二、填空题

请将答案分别写在答题卡中序号为【1】至【20】的横线上，答在试卷上不得分。

1．奔腾芯片有双 Cache 结构，一个用于数据缓存，另一个用于【1】缓存。

2．局部总线是解决【2】的一项技术。

3．光纤接入网的拓扑结构有：总线型、环型、【3】和树型。

4．按照【4】的不同，连接局域网的网桥通常可分为源路由网桥和透明网桥。

5．地址解析协议 ARP 并不属于单一的层，它介于物理地址与【5】之间，起着屏蔽物理地址细节的作用。

6．一般情况下，域名的格式为：主机名.机构名.网络名.【6】。

7．Netware 第三级容错提供了【7】功能。

8．从节点到集线器的非屏蔽双绞线最大长度为【8】。

9．SNMP 采用【9】监控的方式进行管理。

10．根据利用信息技术的目的和信息技术处理能力来划分，电子政务的发展大致经历了面向数据处理、【10】和面向知识处理的 3 个阶段。

11．常用的进程调度算法有【11】优先数法和轮转法。

12．在因特网中，远程登录系统采用的工作模式为【12】模式。

13．局域网与广域网一个重要的区别在于：从基本通信机制上选择了与广域网完全不同的方式，即从“存储转发”方式改变为共享介质方式和【13】。

14．软件是为了使用户使用并充分发挥计算机性能和效率的各种程序和【14】的统称。

15．解决碎片的方法称为【15】。

16．【16】是 SNMP 网络管理系统的核心。

17．【17】是一种专用的、有很强的 I / O 处理功能的部件，它可以独立地完成系统 CPU 交付的 I / O 操作任务。

18．与汇编过程相反的过程称为【18】。

19．路由表有两种基本形式，一种是静态路由表，另一种是【19】。

20．SDH 自愈环技术要求网络设备具有发现替代【20】并重新确立通信的能力。

第20套

一、选择题

下列各题A、B、C、D四个选项中，只有一个选项是正确的，请将正确选项涂写在答题卡相应位置上，答在试卷上不得分。

1. 一个局域网与远程的另一个局域网互连，则需要用到（　　）。
   A. 物理通信介质和集线器　　B. 网间连接器和集线器
   C. 路由器和广域网技术　　D. 广域网技术

2. 下列叙述不正确的是（　　）。
   A. 操作系统是CPU的一个组成部分。
   B. 操作系统的任务是统一和有效地管理计算机的各种资源
   C. 操作系统的任务是控制和组织程序的执行
   D. 操作系统是用户和计算机系统之间的工作界面

3. 以下关于奔腾处理器体系结构的描述中，错误的是（　　）。
   A. 哈佛结构是把指令和数据进行混合存储
   B. 采用PCI标准的局部总线
   C. 采用了总线周期通道技术
   D. 内部总线32位，但与存储器之间的外部总线增为64位

4. 以下关于PCI局部总线的描述中，错误的是（　　）。
   A. PCI标准提出的目的是解决I / O瓶颈问题
   B. PCI的含义是个人电脑接口
   C. PCI标准是由Intel公司提出的
   D. PCI比VESA有明显的优势

5. 环型拓扑最适合的传输介质是（　　）。
   A. 光纤　　B. 同轴电缆　　C. 双绞线　　D. 无线电

6. 关于网络操作系统的描述中，正确的是（　　）。
   A. 早期大型机时代IBM提供了通用的网络环境
   B. 不同的网络硬件需要不同的网络操作系统
   C. 非对等结构把共享硬盘空间分为许多虚拟盘体
   D. 对等结构中服务器端和客户端的软件都可以互换

7. 下列说法中，正确的是（　　）。

A. 服务器只能用大型主机、小型机构成

B. 服务器只能用装配有安腾处理器的计算机构成

C. 服务器不能用个人计算机构成

D. 服务器可以用装配有奔腾、安腾处理器的计算机构成

8. 传输控制协议 TCP，它对应于 OSI 模型的传输层（　　）。

A. 在 IP 协议的基础上，提供端到端的面向连接的可靠传输

B. 提供一种可靠的数据流服务

C. 当传输差错干扰数据，或基础网络故障，则 TCP 来保证通信的可靠

D. 以上说法都不正确

9. 下列叙述中正确的是（　　）。

A. 利用传统方式推广网站是效率最低的一种方法

B. 可以利用电子邮件宣传网站

C. 网站内容与网站建设没有太大的关联

D. 以上都不对

10. 在计算机网络的 ISO / OSI 七层模型中，负责选择合适的路由，使发送的分组能够正确无误地按照地址找到目的站并交付给目的站的是（　　）。

A. 网络层　　B. 数据链路层

C. 运输层　　D. 物理层

11. 下列说法中错误的是（　　）。

A. 从网络高层协议的角度，攻击方法可以分为服务攻击与非服务攻击

B. 服务攻击不针对某种特定网络服务的攻击

C. 非服务攻击不针对某项具体应用服务

D. 与非服务攻击相比，服务攻击被认为是一种更为有效的攻击手段

12. 1974 年，美国 IBM 公司公布的它研制的系统网络体系结构是（　　）。

A. SNA　　B. DNA　　C. DECNet　　D. TCP / IP

13. 采用点一点线路的通信子网的基本拓扑结构有四种，它们是（　　）。

A. 星型、环型、树型和网状型

B. 总线型、环型、树型和网状型

C. 星型、总线型、树型和网状型

D. 星型、环型、树型和总线型

14. 系统分析的目的在于（　　）。

A. 分析出系统目标和现实之间的差距　　B. 目标系统的分析

C．现行系统的分析 D．系统环境分析

15．内存扩充可以使用户程序得到比实际内存容量大得多的“内存”空间，从而极大地方便了用户。以下存储管理的各方案中，可扩充内存容量的方案是（　　）存储管理。

A．固定分区 B．可变分区 C．连续 D．页式虚拟

16．ATM 技术中采用了（　　）技术。

A．电路交换 B．转发 C．数据报 D．虚电路

17．IEEE 802.11 标准跳频通信使用 ISM 频段，使用移频键控 FSK 调制方法时，数据传输速率为（　　）。

A．1 Mbps B．100 Mbps C．2 Mbps D．10 Mbps

18．使用双绞线最大传输距离可以达到（　　）。

A．45 km B．15 km

C．1 000 m D．100 m

19．（　　）负责管理证书。

A．证书操作部门 B．证书审批部门

C．证书发放部门 D．证书维护部门

20．红外局域网的数据传输有 3 种基本的技术，以下（　　）不是其中之一。

A．全方位传输 B．定向光束传输、

C．漫反射传输 D．码分多路复用传输

21．下列有关交换技术的叙述中，错误的是（　　）。

A．目前最有前途的交换网络是 ATM 网

B．ATM 采用面向连接的信元交换形式

C．ATM 兼具电路交换和分组交换的优点

D．目前社区宽带网主要有三种技术

22．在网络管理中，一个管理者可以和（　　）个代理节点进行信息交换，实现对网络的管理。

A．1 B．2 C．3 D．若干

23．Wi-Fi 无线局域网使用扩频的两种方法是直接序列扩频与（　　）。

A．混合扩频 B．跳频扩频

C．软扩频 D．线性扩频

24．对明文字母重新排列，并不隐藏它们的加密方法属于（　　）。

A．置换密码　　　　　　　　B．分组密码
C．易位密码　　　　　　　　D．序列密码

25．一台计算机远程连接到另一台计算机上，并可以运行远程计算机上的各种程序。Internet 的这种服务称之为（　　）。
A．电子邮件　　B．文件传输　　C．环球网　　D．远程登录

26．在 IPv4 版本中，IP 地址为（　　）位。
A．8　　B．16　　C．32　　D．64

27．关于网络操作系统，以下说法错误的是（　　）。
A．可以共享其他操作系统下的资源，但不能运行于其他硬件平台
B．屏蔽本地资源与网络资源之间的差异
C．管理网络系统的共享资源
D．为用户提供基本的网络服务功能

28．在使用 Internet Explorer 之前，要完成的三项准备工作是（　　）。
A．调制解调器的连接与设置、安装打印驱动程序、设置拨号网络
B．拨号网络的设置、安装打印驱动程序、设置拨号网络
C．Internet Explorer 软件的正确安装、调制解调器的连接与设置、安装打印驱动程序
D．Internet Explorer 软件的正确安装、调制解调器的连接与设置、设置拨号网络

29．下列关于简单网络协议（SNMP）的说法中，正确的是（　　）。
A．SNMP 采用客户机 / 服务器模式
B．SNMP 位于开放系统互联参考模型的网络层
C．SNMP 是目前最为流行的网理管理协议
D．以上都不对

30．对于 Linux，以下叙述错误的是（　　）。
A．Linux 操作系统不能够虚拟内存
B．Linux 提供了强大的应用程序开发环境
C．Linux 操作系统不限制应用程序可以使用的内存大小
D．Linux 上完成的程序可以移植到 Unix 上运行

31．如果网络的传输速度为 28.8Kbps，要传输 2M 字节的数据大约需要的时间是（　　）。
A．10 分钟　　　　　　　　B．1 分钟
C．1 小时 10 分钟　　　　　D．30 分钟

32．张三给文件服务器发命令，要求删除文件 zhang.doc。文件服务器上的认证机制要确定的问题是（　　）。

A. 这是张三的命令吗
B. 张三有权删除文件 zhang.doc 吗
C. 张三采用的 DES 加密算法的密钥长度是多少位
D. 张三发来的数据中有病毒吗

33. 在路由器互联的多个局域网中，通常要求每个局域网的（　　）。
A. 数据链路层协议和物理层协议必须相同
B. 数据链路层协议必须相同，而物理层协议可以不同
C. 数据链路层协议可以不同，而物理层协议必须相同
D. 数据链路层协议和物理层协议都可以不相同

34. 在联机多用户系统中，错误的说法是（　　）。
A. 智能终端本身是一个独立的计算机，具备数据处理能力
B. 被连接在多用户系统中智能终端的资源不能被主机共享
C. 被连接在多用户系统中主机的资源能被智能终端共享
D. 在多用户系统中，终端仅仅是系统中的输入、输出设备

35. 在网络的拓扑结构中，只有一个根节点和若干个叶节点，其中的根结点是中心结点的结构称为（　　）。
A. 星型结构　　B. 树型结构
C. 网型结构　　D. 环型结构

36. 一台主机的 IP 地址为 192.168.23.70，子网屏蔽码为 255.255.255.240，那么这台主机的主机号为（　　）。
A. 4　　B. 6　　C. 8　　D. 68

37. 国际标准化组织的英文缩写是（　　）。
A. OSI　　B. ISO　　C. CCITT　　D. ANSI

38.（　　）是指交换局到用户终端之间的所有机线设备，它解决的是信息高速公路中的“最后一公里”问题。
A. 交换式局域网　　B. 接入网
C. 网关　　D. 分布式系统

39. 使用 P4/1.6G 的 PC 机，其 CPU 输入时钟频率为（　　）。
A. 1.6 MHz　　B. 16 MHz
C. 160 MHz　　D. 1 600 MHz

40. 下列（　　）设备能拆卸收到的包并把它重建成与目的协议相匹配的包。
A. 网关　　B. 路由器

C. 网桥路由器　　D. 网桥

41. 在通信网络中，ATM 指的是（　　）。
A. 自动柜员机　　B. 介质访问控制
C. 综合业务数字网　　D. 异步传输模式

42. 鲍伯通过计算机网络给爱丽丝发消息说同意签定合同，随后鲍伯反悔，不承认发过该条消息。为了防止这种情况发生，应在计算机网络中采用（　　）。
A. 身份认证技术　　B. 防火墙技术
C. 消息认证技术　　D. 数字签名技术

43. 在以下网络配置管理的功能描述中，正确的是（　　）。
A. 监视对重要网络资源的访问
B. 用适当的软件设置参数值和配置设备
C. 标识重要的网络资源
D. 自动监测网络硬件和软件中的故障并通知用户

44. 在传输技术中，（　　）多数等级的信号采用异步复用。
A. PDH　　B. SDH　　C. VDH　　D. UDH

45. 数据传输速率在数值上，等于每秒钟传输构成数据代码的二进制比特数，它的单位为比特／秒，通常记作（　　）。
A. B / S　　B. bps　　C. bpers　　D. baud

46. 截取是指未授权的实体得到了资源的访问权，这是对（　　）的攻击。
A. 可用性　　B. 机密性　　C. 合法性　　D. 完整性

47. 关于只读存储器，不正确的叙述是（　　）。
A. 英文名称是 ROM
B. 不使用特殊的方法时，其内容是不可更改的
C. 一般情况下，计算机工作时只能从其中读出预先写入的信息，而无法向它写入信息
D. 断电时，只读存储器中的内容将会消失

48. 国际数据加密算法属于（　　）加密算法。
A. 对称　　B. 不对称
C. 可逆　　D. 不可逆

49. 网络操作系统的基本任务就是：屏蔽本地资源与网络资源的差异性，为用户提供各种基本网络服务功能，完成网络共享系统资源的管理，并提供网络系统的（　　）。
A. 多媒体服务　　B. WWW 服务

C. 安全性服务　　　　　　　　　　D. E-mail 服务

50. S / Key 口令协议是一种一次性口令生成方案。客户机发送初始化包启动 S / Key 协议，服务器需要将启动值以明文形式发送给客户机，客户机再利用（　　）对启动值和秘密口令生成一个一次性口令。

A. 散列函数　　B. 秘钥　　C. 永久口令　　D. 加密算法

51. 网络管理系统中的管理协议是（　　）。

A. 用于在管理系统与管理对象之间传递操作命令，负责解释管理操作命令

B. 管理网络的管理规则

C. 网络管理系统中的管理原则

D. 监控网络运行状况的途径

52. FDDI 的编码方案中，一个独立的编码单位叫符号，一个符号包含（　　）

A. 1 位二进制数　　B. 4 位二进制数

C. 8 位二进制数　　D. 16 位二进制数

53. 关于 Linux 的描述中，错误的是（　　）。

A. 是一种开源操作系统　　B. 源代码最先公布在瑞典的 FTP 站点

C. 提供了良好的应用开发环境　　D. 可支持非 Intel 硬件平台

54. 用户的计算机可以通过多种通信线路连接到 ISP，但归纳起来可以分为（　　）。

A. 电话线路和数据通信线路　　B. 电话线路和 ISDN

C. ISDN 和 ADSL　　D. 电话线路、ISDN 和 ADSL

55. 物理层的互联设备是（　　）。

A. 中继器　　B. 网桥　　C. 路由器　　D. 网关

56. 关于 IP 数据报投递的描述中，错误的是（　　）。

A. 中途路由器独立对待每个数据报

B. 中途路由器可以随意弄丢数据报

C. 中途路由器不能保证每个数据报都能成功投递

D. 源地址和目的地址都相同的数据报可能经不同路径投递

57. 某局域网包含Ⅰ、Ⅱ、Ⅲ、Ⅳ四台主机，它们连接在同一集线器上。这四台主机的 IP 地址、子网屏蔽码和运行的操作系统如下：

Ⅰ：10.1.1.1、255.255.255.0、Windows

Ⅱ：10.2.1.1、255.255.255.0、Windows

Ⅲ：10.1.1.2、255.255.255.0、Unix

Ⅳ：10.1.2.1、255.255.255.0、Linux

如果在Ⅰ主机上提供Web服务，那么可以使用该Web服务的主机是（　　）。

A. Ⅱ、Ⅲ和Ⅳ　　B. 仅Ⅱ　　C. 仅Ⅲ　　D. 仅Ⅳ

58. 关于电子邮件服务的描述中，正确的是（　　）。

A. 用户发送邮件使用SNMP协议

B. 邮件服务器之间交换邮件使用SMTP协议

C. 用户下载邮件使用FTP协议

D. 用户加密邮件使用IMAP协议

59. ATM信元长度的字节数为（　　）。

A. 48　　B. 53　　C. 32　　D. 64

60. 多道程序设计的根本目的是提高整个系统的（　　）。

A. 效率　　B. 稳定性　　C. 可靠性　　D. 安全性

二、填空题

请将答案分别写在答题卡中序号为【1】至【20】的横线上，答在试卷上不得分。

1. 可重定位内存分区分配目的为【1】。

2. 在系统的主计算机前增设前端处理机FEP（Front End Processor）或通信控制器CCU（Comunication Control Unit），这些设备用来专门负责【2】。

3. 局域网常用的传输介质与通信信道有：同轴电缆、双绞线、光纤与【3】通信信道。

4. 超媒体是由节点和【4】组成的。

5. SNMP管理模型有三个基本组成部分：管理进程、管理代理和【5】。

6. 大多数计算机系统将CPU执行状态划分为【6】和目态。

7. 网卡的硬件地址固化在网卡的【7】中。

8. 帧中继技术可以认为是一种改进了的【8】。

9. 依照对进程的不同处理方式，操作系统分为：【9】、分时操作系统、实时操作系统。

10. 在联机多用户系统中，终端仅仅是系统中的【10】设备。

11．FTP 下载工具一方面可以提高文件下载的速度，另一方面可以实现【11】。

12．依据局域网所使用的传输介质及其相关的协议，局域网可以分为【12】局域网和交换局域网。

13．通信信道资源共享包括：固定分配信道、【13】和排队分配信道三种共享方式。

14．一个域名所对应的 IP 地址由域名服务器中的域名解析系统负责解释，当用户的计算机发出域名以后，实际上启动了访问这个服务器的进程，最后得到 IP 地址以后，再把 IP 地址数据送往【14】。

15．【15】是用于确认发送者身份和消息完整性的一个加密的消息摘要。

16．IP 协议主要负责为在网络上传输的【16】，并管理这些数据报的分片过程。

17．主要的可实现的威胁可以使基本威胁成为可能，因此十分重要。它包括两类：【17】。

18．IP 地址的 32 位二进制数被分为【18】段。

19．HFC 网络进行数据传输时采用的调制方式为【19】调制。

20．MAC 子层和 LLC 子层之间的接口提供每个操作的状态信息，以供高一层【20】规程所用。

第21套

一、选择题

下列各题A、B、C、D四个选项中，只有一个选项是正确的，请将正确选项涂写在答题卡相应位置上，答在试卷上不得分。

1. RS232标准规定的是（　　）。

   A．DTE和DCE之间的接口　　B．DTE和DTE之间的接口

   C．DCE和DCE之间的接口　　D．以上三种

2. 1983年阿帕网正式采用TCP / IP协议，标志着因特网的出现。我国最早与因特网正式连接的时间是（　　）。

   A．1984年　　B．1988年

   C．1994年　　D．1998年

3. 令牌环网比以太网的最大优点是（　　）。

   A．易于建立　　B．易于维护　　C．高效可靠　　D．时延确定

4. Windows NT Server是以“域”为单位实现对网络资源的集中管理，下列关于“域”的叙述中，不正确的是（　　）。

   A．主域控制器负责为域用户与用户组提供信息

   B．在Windows NT域中，可以有后备域控制器，但没有普通服务器

   C．后备域控制器的主要功能是提供系统容错

   D．在一个Windows NT域中，只能有一个主域控制器

5. Internet是由美国的（　　）发展和演化而来的

   A．ARPANET　　B．CSNEI　　C．Milnet　　D．BITNET

6. 下列关于芯片体系结构的叙述中，不正确的是（　　）。

   A．超标量技术的实质是以空间换时间

   B．分支预测能动态预测程序分支的转移

   C．超流水线技术的特点是内置多条流水线

   D．哈佛结构是把指令与数据分开存储

7. 关于因特网中的域名解析，以下说法正确的是（　　）。

   A．反复解析要求名字服务系统一次性完成全部名字－地址映射

B．递归解析每次请求一个服务器，不行再请求别的服务器

C．在域名解析过程中有可能需要遍历整个服务器树

D．域名解析需要借助于一组既独立又协作的域名服务器完成

8．ATM 通用协议栈包括下列几层：高层协议、ATM 适配层、ATM 层和物理层。其中，（　　）把数据组装成 53 字节的信元。

A．高层协议　　B．ATM 层

C．ATM 适配层　　D．物理层

9．为实现视频信息的压缩，建立了若干种国际标准。其中适合于连续色调、多级灰度的静止图像压缩标准的是（　　）。

A．JPEG　　B．MPEG　　C．P×32　　D．P×64

10．帧中继技术是对（　　）的改进。

A．传的分组交换网 X.25 的协议　　B．ISDN

C．B-ISDN　　D．ATM 技术

11．环型拓扑与总线型拓扑相比较，最明显的区别在于（　　）。

A．站点的连接方式　　B．所用的传输介质

C．网络功能和作用　　D．网络中信号传输方向

12．TCP / IP 的互联层采用 IP 协议，它相当于 OSI 参考模型中网络层的（　　）。

A．面向无连接网络服务　　B．面向连接网络服务

C．传输控制协议　　D．X.25 协议

13．奔腾芯片采用的局部总线是（　　）。

A．VESA　　B．PCI　　C．EISA　　D．MCA

14．关于 MPLS 技术特点的描述中，错误的是（　　）。

A．实现 IP 分组的快速交换　　B．MPLS 的核心是标记交换

C．标记由边界标记交换路由器添加　　D．标记是可变长度的转发标识符

15．（　　）不是 UDP 协议的特性。

A．提供可靠服务　　B．提供无连接服务

C．提供端到端服务　　D．提供全双工服务

16．无线局域网已经慢慢发展成熟，现在的无限局域网已经可以支持的传输速率为（　　）。

A．1.544 Mbps　　B．2 Mbps　　C．10 Mbps　　D．20 Mbps

17．凯撒密码是一种置换密码，改进后的凯撒密码采用单字母替换方法，若密钥如下：

明文：a b c d e f g h i j k l m n o p q r s t u v w x y z

密文：Q W E R T Y U I O P A S D F G H J K L Z X C V B N M

则明文 nankai 加密后形成的密文是（　　）。

A．nankai　　B．FQFAQO

C．NANKAI　　D．QWERTY

18．在以下几种常用的无线传输媒体中，不是属于视线媒体，即不要求发送方和接收方之间有一条视线通道的是（　　）。

A．微波　　B．无线电波

C．红外线　　D．激光

19．在 100BASE-T 标准中采用了介质独立接口 MII，其作用是（　　）。

A．实现全双工　　B．将 MAC 子层与物理层隔离

C．用于冲突检测　　D．光纤接口

20．以下几个网址中，可能属于香港某一教育机构的网址是（　　）。

A．www.xjtu.edu.cn　　B．www.whitehouse.gov

C．www.sina.com.cn　　D．www.cityu.edu.hk

21．若网络形状是由各个节点组成的一个闭合环，则称这种拓扑结构为（　　）。

A．总线拓扑　　B．环型拓扑

C．星型拓扑　　D．树型拓扑

22．以下关于虚拟局域网的描述中，错误的是（　　）。

A．可以用交换机端口号定义虚拟局域网

B．虚拟网络可以在网络的不同层次上实现

C．用 MAC 地址定义虚拟局域网的主要缺点是性能较差

D．用端口定义虚拟局域网的主要缺点是：当用户主机改变端口时，需要网络管理者对虚拟局域网成员进行重新配置

23．Netware386 网络的文件服务器需要使用以 80386 或 80486 为主处理器的微机，建议有（　　）主存。

A．1 M 以上　　B．2 M 以上　　C．3 M 以上　　D．4 M 以上

24．A 类 IP 地址中，网络号所占的二进制位数为（　　）。

A．5　　B．6　　C．7　　D．8

25．以下关于组建一个多集线器 10 Mbps 以太网的配置规则中，错误的是（　　）。

A．可以使用 3 类非屏蔽双绞线

B．每一段非屏蔽双绞线长度不能超过 100 米

C. 多个集线器之间可以堆叠

D. 集线器可以将局域网内分成不同的域，但需要采取级联方式

26. 关于操作系统，以下说法错误的是（　　）。

A. 在 DOS 操作系统下只有 640 K 的内存供应用程序使用

B. 文件 I / O 管理着应用程序占有的内存空间

C. 在 OS / 2 操作系统中，可以使用扩展内存

D. 在多任务环境中，要把 CPU 时间轮流分配给各个激活的应用程序

27. 一个局域网至少要配置一个（　　）。

A. 数据库服务器　　B. 浏览服务器

C. 文件服务器　　D. 通信服务器

28. 传输层的主要任务是完成（　　）。

A. 进程通信服务　　B. 网络连接服务

C. 路径选择服务　　D. 子网－子网连接服务

29. 以下关于 NetWare 的描述中，错误的是（　　）。

A. 强大的文件和打印服务功能

B. NetWare 文件系统的目录建立在服务器和客户端的硬盘上

C. 良好的兼容性和系统容错能力

D. 在一个 NetWare 网络中，必须有一个或一个以上的文件服务器

30. RSA 算法属于（　　）加密技术。

A. 对称　　B. 不对称　　C. 可逆　　D. 不可逆

31. 下面 IP 地址属于 B 类 IP 地址的是（　　）。

A. 61.128.0.1　　B. 128.168.9.2　　C. 202.199.5.2　　D. 294.125.3.8

32. 基于网络安全的需要，网络操作系统一般提供的安全保密机制包括（　　）。

Ⅰ. 最大信任者权限屏蔽　　Ⅱ. 注册安全性

Ⅲ. 目录与文件属性　　Ⅳ. 用户信任者权限

A. Ⅰ和Ⅱ　　B. Ⅰ和Ⅲ　　C. Ⅱ和Ⅲ　　D. 全部

33. 宽带 ISDN 的核心技术是（　　）。

A. ATM 技术　　B. 多媒体技术

C. 光纤接入技术　　D. SDH 技术

34. 采用时间片轮转算法分配 CPU 时，当处于运行状态的进程用完一个时间片后，它的状态是（　　）。

A．等待　　B．运行　　C．就绪　　D．消亡

35．以下关于IP协议的表述中，错误的是（　　）。

A．面向无连接　　B．不可靠的数据投递服务

C．尽最大努力投递服务　　D．工作在传输层

36．虚拟内存的容量只受（　　）的限制。

A．磁盘空间大小　　B．物理内存大小

C．数据存放的实际地址　　D．计算机地址位数

37．快速以太网的数据传输速度为（　　）。

A．10 Mbps　　B．100 Mbps　　C．1 Gbps　　D．10 Gbps

38．关于IP提供的服务，下列说法正确的是（　　）。

A．IP提供不可靠的数据投递服务，因此数据报投递不能受到保障

B．IP提供不可靠的数据投递服务，因此它可以随意丢弃报文

C．IP提供可靠的数据投递服务，因此数据报投递可以受到保障

D．IP提供可靠的数据投递服务，因此它不能随意丢弃报文

39．在因特网域名中，edu通常表示（　　）。

A．商业组织　　B．教育机构　　C．政府部门　　D．军事部门

40．在广域网数据交换技术中，不利于高速传送信息的方式是（　　）。

A．线路交换方式　　B．存储转发方式

C．数据报方式　　D．虚电路方式

41．下面关于接入Internet方式的描述中，正确的是（　　）。

A．只有通过局域网才能接入Internet

B．只有通过拨号电话线才能接入Internet

C．可以有多种接入Internet的方式

D．不同的接入方式可以享受相同的Internet服务

42．以下关于ADSL的说法中，错误的是（　　）。

A．可以充分利用现有电话线路提供数字接入

B．上行和下行速率可以不同

C．利用分离器实现语音信号和数字信号分离

D．使用4对线路进行信号传输

43．Internet最基本、最重要的应用是（　　）。

A．Telnet　　B．FTP　　C．WWW　　D．E-mail

44. 下列关于 CPU 的叙述不正确的是（ ）。

A. CPU 是中央处理单元的缩写

B. CPU 是微型计算机中最重要的芯片

C. CPU 是微型计算机的心脏

D. 在超大规模集成电路使用之前，CPU 是由若干元件构成的一个电路单元

45. 对系统进行安全保护需要一定的安全级别，处理敏感信息需要的最低安全级别是（ ）。

A. D1　　B. A1　　C. C1　　D. C2

46. 使用分布式系统时，（ ）。

A. 必须了解系统的分布情况

B. 各台计算机都只能在系统中工作

C. 系统中有一个分布式操作系统

D. 系统中的任务分配应由用户承担

47. 下列关于数字信封的说法中，正确的是（ ）。

A. 数字信封技术使用三层加密体制

B. 数字信封技术在内层利用公有密钥和加密技术

C. 数字信封技术使用四层加密体制

D. 数字信封技术用来保证数据在传输过程中的安全

48. 下面关于 MCS-51 定时器逻辑寄存器的叙述不正确是（ ）。

A. 通过它可以设置定时器的定时长短

B. 通过它可以设置定时器对外的计数大小

C. 通过它可以设置定时器对中断的影响

D. 可以通过程序对串行通信口进行设置

49. PGP 是一种电子邮件安全方案，它一般采用的数字签名是（ ）。

A. DSS　　B. RSA　　C. DES　　D. SHA

50. 目前使用最多的平台是（ ）服务提供商提供的 EDI 网络平台。

A. 因特网　　B. Intranet

C. Extranet　　D. 专门网络

51. 下列不是文件系统功能的是（ ）。

A. 文件系统实现对文件的按名存取

B. 负责实现数据的逻辑结构到物理结构的转换

C. 提高磁盘的读写速度

D. 提供与文件的存取方法和对文件的操作

52. Kerberos 是一种网络认证协议，它通过三个部分来看守网络大门，以下（　　）不属于其中之一。

A. 身份认证　　B. 审计　　C. 计费　　D. 口令认证

53. 对于数据通信方式，下列说法中正确的是（　　）。

A. 通信方式可以分为单工通信、双工通信、半单工通信、半双工通信

B. 单工通信是指通信线路上的数据有时可以按单一方向传送

C. 半双工通信是指一个通信线路上允许数据双向通信，但不允许同时双向传送

D. 以上说法都不正确

54. 用户依旧要使用数据库操作命令来进行工作的计算机局域网二层模式是（　　）。

A. 并行计算模式　　B. 客户端 / 服务器模式

C. 分布计算模式　　D. 浏览器 / 服务器模式

55. 以下（　　）是正确的 Etnernet 物理地址。

A. 00-06-08　　B. 00-60-08-00-A6-38

C. 00-60-08-00　　D. 00-60-08-00-A6-38-00

56. 下列主机域名的写法正确的是（　　）。

A. public.tju.net.cn

B. 10011110.11100011.01100100.00001100

C. public tju net cn

D. 10011110 11100011 01100100 00001100

57. 在数据通信中使用曼彻斯特编码的主要原因是（　　）。

A. 实现对通信过程中传输错误的恢复

B. 实现对通信过程中收发双方的数据同步

C. 提高对数据的有效传输速率

D. 提高传输信号的抗干扰能力

58. 接入网技术复杂、实施困难、影响面广。下面（　　）技术不是典型的宽带网络接入技术。

A. 数字用户线路接入技术

B. 光纤 / 同轴电缆混合接入技术

C. 电话交换网络

D. 光纤网络

59. 在某操作系统中，用信号量来保护共享资源。设信号量 S 的初值是 5，而 S 的当前值是 –3，则有（　　）个进程正在等待由 S 保护的资源。

A. 2　　B. 3　　C. 4　　D. 5

60. 可以进行相互转换的两个状态是（ ）。

A. 运行和就绪　　B. 运行和等待

C. 就绪和等待　　D. 等待和终止

二、填空题

请将答案分别写在答题卡中序号为【1】至【20】的横线上，答在试卷上不得分。

1. 一个作业从进入系统到运行结束，一般要经历提交、【1】、运行和完成4个阶段。

2. CPU的速度可用MIPS来表示，1 MIPS指每秒执行【2】指令。

3. 所谓编译程序是把源程序进行翻译转换，生成【3】，然后让计算机执行得到结果。

4. 对于使用者而言，Internet主要是一个【4】。

5. 操作系统的特征包括并发性、共享性和【5】。

6. 局域网IEEE 802标准将数据链路层划分为逻辑链路控制与【6】子层。

7. 在计算机系统中，允许多个程序同时进入内存并运行的技术是【7】。

8. 为了实现高速局域网，可以提高Ethernet的【8】，使其达到100 Mb/s，甚至达到1Gb/s。

9. 死锁的处理方法分为死锁的预防、【9】和解除三种。

10. 网络操作系统可以分为两类：通用型NOS和【10】型NOS。

11. 传输延迟是设计卫星数据通信系统时需要注意的一个重要参数。两个地面结点通过卫星转发信号的传输延迟典型值一般取为【11】ms。

12. 不让死锁发生的策略可以分成静态的和动态的两种，死锁避免属于【12】。

13. 广域网的拓扑结构主要包括如下几种：集中式拓扑结构、分散式拓扑结构、【13】、全互连拓扑结构和不规则拓扑结构。

14. 常用的密钥分发技术有【14】技术和KDC技术。

15. 令牌总线媒体访问差别控制是将物理总线上的站点构成一个【15】。

16．操作系统是计算机系统的一种系统软件，它以尽量合理、有效的方式组织和管理计算机的<u>【16】</u>，并控制程序的运行，使整个计算机系统能够高效地运行。

17．<u>【17】</u>就是用户在一次上机算题过程中或一次事务处理过程中，要求计算机系统所做工作的总称。

18．提出 CMIS/CMIP 网络管理协议的标准化组织是<u>【18】</u>。

19．在 OSI 参考模型中，应用层上支持文件传输的协议是 FTP，支持网络管理的协议是<u>【19】</u>。

20．防火墙主要可以分为<u>【20】</u>代理服务器和应用级网关等类型。

第 22 套

一、选择题

下列各题 A、B、C、D 四个选项中，只有一个选项是正确的，请将正确选项涂写在答题卡相应位置上，答在试卷上不得分。

1. 微处理器已经进入双核和 64 位的时代，当前与 Intel 公司在芯片技术上全面竞争并获得不俗业绩的公司是（　　）。
   A. AMD 公司　　B. HP 公司
   C. SUN 公司　　D. IBM 公司

2. 在（　　）中，进行信息传输的计算机都是成对的。
   A. 共享介质局域网　　B. 交换局域网
   C. 共享交换局域网　　D. 交换介质局域网

3. 网络互联设备（　　）能够在传输层以上实现不同网络互联。
   A. 中继器　　B. 网桥
   C. 网关　　D. 路由器

4. 网络系统中风险程序最大的要素是（　　）。
   A. 计算机　　B. 程序　　C. 数据　　D. 系统管理员

5. 主机板有许多分类方法。按芯片插座的规格可分为（　　）。
   A. Slot 1 主板、Socket7 主板
   B. AT 主板、Baby-AT 主板、ATX 主板
   C. SCSI 主板、EDO 主板、AGP 主板
   D. TX 主板、LX 主板、BX 主板

6. B-ISDN 的中文名称是（　　）。
   A. 窄带综合业务数字网　　B. 宽带交换网
   C. 宽带综合业务数字网　　D. 窄带交换网

7. 电缆可以按照其物理结构类型来分类，目前计算机网络使用最普遍的电缆类型有同轴电缆、双绞线和（　　）。
   A. 电话线　　B. 输电线　　C. 光纤　　D. 天线

8. 关于程序和进程，以下说法正确的是（　　）。

A. 程序是动态的，进程是静态的　　B. 程序是静态的，进程是动态的

C. 程序和进程都是动态的　　D. 程序和进程都是静态的

9. 下列拓扑结构中，需要终止设备的是（　　）。

A. 总线型拓扑　　B. 星型拓扑

C. 环型拓扑　　D. 树型拓扑

10. 在网络的拓扑结构中，处于上层的结点叫（　　）。

A. 父结点　　B. 子结点　　C. 根结点　　D. 叶结点

11. OSI 模型中，传输层的主要任务是（　　）。

A. 向用户提供可靠的端到端服务，透明地传送报文

B. 组织两个会话进程之间的通信，并管理数据的交换

C. 处理两个通信系统中交换信息的表示方式

D. 确定进程之间通信的性质，以满足用户的需要

12. 下列关于服务器的叙述，不正确的是（　　）。

A. 服务器是微机局域网的核心部件

B. 网络服务器最主要的任务是对网络活动进行监督及控制

C. 网络服务器在运行网络操作系统中，最大限度响应用户的要求并及时处理

D. 网络服务器的效率直接影响整个网络的效率

13. UDP 协议属于（　　）的协议。

A. 数据链路层　　B. 互联网层

C. 网络接口层　　D. 传输层

14. Internet 2 可以连接到现在的 Internet 上，但它的宗旨是组建一个为其成员组织服务的专用网络，初始运行速率可以达到（　　）。

A. 51.84 Mbps　　B. 155.520 Mbps　　C. 2.5 Gbps　　D. 10 Gbps

15. 基带总线 LAN 由于传输数字信号，所以最常采用的传输媒体是（　　），因为对于数字信号来说，这种媒体受到来自接头插入容器的反射不那么强，而且对低频电磁噪声有较好的抗干扰性。

A. 双绞线　　B. 75 Ω 的基带同轴电缆

C. 50 Ω 的基带同轴电缆　　D. 宽带同轴电缆

16. 微处理器 8086 的一个段的最大范围是（　　）。

A. 64 KB　　B. 128 KB　　C. 512 KB　　D. 1 MB

17. 令牌是一种特殊结构的（　　），用来控制节点对总线的访问权。

A. 数据帧　　B. 控制帧　　C. 协议包　　D. 控制分组

18. Token Ring 和 Token Bus 的“令牌”是一种特殊结构的（　　）。

A. 控制帧　　B. LLC 帧　　C. 数据报　　D. 无编号帧

19. 关于 Adhoc 网络的描述中，错误的是（　　）。

A. 没有固定的路由器　　B. 需要基站支持

C. 具有动态搜索能力　　D. 适用于紧急救援等场合

20. 网际互联中，在物理层中实现透明二进制比特复制，以补偿信号衰减的中继设备是（　　）。

A. 中继器　　B. 桥接器　　C. 路由器　　D. 协议转换器

21. 在交换式局域网中，能适应不同输入输出速率端口间的帧转发的是（　　）交换方式。

A. 存储转发　　B. 直接

C. 改进的直接　　D. 都不是

22. 面向连接的网络服务具体实现是（　　）。

A. 数据报　　B. 虚电路　　C. TCP　　D. IP

23. ATM（异步传输模式）技术中“异步”的含义是（　　）。

A. 采用的是异步串行通信技术　　B. 网络接回采用的是异步控制方式

C. 周期性地插入 ATM 信元　　D. 可随时插入 ATM 信元

24. 在 VLAN 的划分中，按照以下（　　）方法定义其成员的缺点是性能比较差。

A. 交换机端口　　B. MAC 地址

C. 操作系统类型　　D. IP 地址

25. 下列有关光缆的陈述中，正确的是（　　）。

A. 光缆的光纤通常是偶数，一进一出

B. 光缆不安全

C. 光缆传输慢

D. 光缆较电缆传输距离近

26. 对计算机系统安全等级的划分中，DOS 属于（　　）级。

A. A　　B. B1　　C. C1　　D. D

27. 操作系统为保证未经文件拥有者授权，任何其他用户不能使用该文件所提供的解决方法是（　　）。

A. 文件保护　　B. 文件保密

C．文件转储　　D．文件共享

28．以下关于 Windows 2000 的描述中，（　　）说法是错误的。
A．活动目录服务是将域划分为组织单元
B．域是基本的管理单位
C．所有域控制器之间都是平等的关系
D．目录复制时才用的是主从复制方式

29．下列协议中，（　　）是 NT 的网络内部协议。
A．TCP / IP　　B．IPX / SPX　　C．NetBEUI　　D．以上都是

30．当用网桥来互联网络时，应考虑到（　　）。
A．网桥不能转发数据帧
B．网桥完全发送所有的广播消息，可能会产生“广播风暴”
C．网桥不适用于高速局域网
D．网桥不具有中继器的各种特性和功能

31．域模型是（　　）网络操作系统的重要组成部分。
A．Linux　　B．Unix
C．Windows NT　　D．NetWare

32．令牌环网中某个站点能发送帧是因为（　　）。
A．最先提出申请　　B．优先级最高
C．令牌到达　　D．可随机发送

33．下列说法中，正确的是（　　）。
A．服务器只能用大型主机、小型机构成
B．服务器只能用安腾处理器组成
C．服务器不能用个人计算机构成
D．服务器可以用奔腾、安腾处理器组成

34．SMTP 协议使用的端口为（　　）。
A．20　　B．23　　C．21　　D．25

35．文件控制块的内容包括（　　）。
A．文件名、长度、逻辑结构、物理结构、存取控制信息、其他信息
B．文件名、长度、存取控制信息、其他信息
C．文件名、长度、逻辑结构、物理结构、存取控制信息
D．文件名、长度、逻辑结构、物理结构、其他信息

36. TCP / IP 模型由以下（　　）层次构成。

A. 物理层、数据链路层、网络层、传输层、会话层、表示层、应用层

B. 网络接口层、网络层、传输层、应用层

C. 物理层、数据链路层、网络层

D. 局域网层、广域网层、互联网层

37. TCP 和 UDP 的一些端口保留给一些特定的应用使用。以下配对错误的是（　　）。

A. TCP 的 80 端口—HTTP

B. UDP 的 161 端口—SNMP

C. TCP 的 25 端口—SMTP

D. TCP 的 23 端口—FTP

38. 因特网中域名解析依赖于一棵由域名服务器组成的逻辑树。请问在域名解析过程中，请求域名解析的域名服务器需要知道以下（　　）信息。

Ⅰ. 本地域名服务器的名字

Ⅱ. 本地域名服务器父结点的名字

Ⅲ. 域名服务器树根结点的名字

A. Ⅰ和Ⅱ　　B. Ⅰ和Ⅲ　　C. Ⅱ和Ⅲ　　D. Ⅰ、Ⅱ和Ⅲ

39. 下列不属于电子邮件协议的是（　　）。

A. POP3　　B. SMTP　　C. SNMP　　D. IMAP4

40. 以下哪种服务提供菜单式查找（　　）。

A. WWW　　B. FTP　　C. GOPHER　　D. TELNET

41. 用户从 CA 安全认证中心申请自己的证书，并将该证书装入浏览器的主要目的是（　　）。

A. 避免他人假冒自己

B. 验证 Web 服务器的真实性

C. 保护自己的计算机免受病毒的危害

D. 防止第 3 方偷看传输的信息

42. 就目前的网络技术来看，对于未来的网络发展，下列描述不可行的是（　　）。

A. 未来的网络必须提供 QoS 保证

B. 用户只需通过一种插座类型就能把所有家用电器接入网络

C. 用户可以随时随地上网

D. 所有网络只采用一种网络协议、一种传输媒介

43. 下列媒体传输技术中，属于视线媒体传输技术的是（　　）。

A. 光纤传输技术　　B. 双绞线传输技术

C. 同轴电缆传输技术　　D. 红外线传输技术

44．故障管理的步骤正确的是（　　）。

①发现故障　　②隔离故障　　③记录故障的检修过程和结果

④判断故障症状　　⑤修复故障

A．①—④—②—⑤—③　　B．①—②—④—⑤—③

C．①—②—④—③—⑤　　D．①—④—②—③—⑤

45．文件的物理结构中（　　）访问速度快，而且文件可以动态变化。

A．顺序结构　　B．链接结构　　C．索引结构　　D．分支结构

46．国际互联网络 Internet 的前身是（　　）。

A．ALOHA　　B．Ethernet

C．Novell　　D．ARPANet

47．在公钥密码体系中，（　　）是不可以公开的。

A．公钥　　B．公钥和加密算法

C．私钥　　D．私钥和加密算法

48．以下（　　）攻击不属于渗入威胁。

A．陷门　　B．旁路控制　　C．授权侵犯　　D．假冒

49．鲍伯不但怀疑爱丽丝发给他的信在传输途中遭人篡改，而且怀疑爱丽丝的公钥也是被人冒充的。为了打消鲍伯的疑虑，鲍伯和爱丽丝决定找一个双方都信任的第三方来签发数字证书，这个第三方就是（　　）。

A．国际电信联盟电信标准分部 ITU -T

B．证书权威机构 CA

C．国际标准组织 ISO

D．国家安全局 NSA

50．有利于传播多路信号的是（　　）。

A．光纤　　B．同轴电缆

C．双绞线　　D．75 欧姆同轴电缆

51．以下关于防火墙技术的描述，错误的是（　　）。

A．防火墙可以对网络服务类型进行控制

B．防火墙可以对请求服务的用户进行控制

C．防火墙可以对网络攻击进行反向追踪

D．防火墙可以对用户如何使用特定服务进行控制

52．常用的局域网介质访问控制方法有（　　）。

Ⅰ. CSMA/CD　　Ⅱ. Token Ring　　Ⅲ. Token Bus　　Ⅳ. Netware

A．Ⅰ、Ⅱ正确　　B．Ⅰ、Ⅱ、Ⅲ正确
C．Ⅲ、Ⅳ正确　　D．Ⅰ、Ⅲ、Ⅳ正确

53．局域网中用于管理网络中各台计算机之间相互通信的一组技术规则称为（　　）。
A．协议标准　　B．网络操纵系统
C．应用软件　　D．通信软件

54．共享介质方式的局域网必须解决的问题是（　　）。
A．网络拥塞控制　　B．介质访问控制
C．网络路由控制　　D．物理连接控制

55．计算机可分为（　　）等几种类型。
A．模拟、数字　　B．科学计算、人工智能、数据处理
B．巨型、大型、中型、小型、微型　　D．便携、台式、微型

56．如果按资源分配方式对设备进行分类，那么打印机属于（　　）设备。
A．独占设备　　B．共享设备
C．实时设备　　D．分时设备

57．关于网络技术的发展趋势，以下说法不正确的是（　　）。
A．网络由面向终端向资源共享发展
B．网络由单一的数据通信网向综合业务数字通信网发展
C．网络由分组交换向报文交换发展
D．网络由对等通信方式向网站 / 浏览器方式发展

58．拓扑设计是建设计算机网络的第一步。它对网络的影响主要表现在（　　）。
Ⅰ. 网络性能　　Ⅱ. 系统可靠性
Ⅲ. 通信费用　　Ⅳ. 网络协议
A．Ⅰ、Ⅱ　　B．Ⅰ、Ⅱ 和 Ⅳ
C．Ⅰ、Ⅱ 和 Ⅲ　　D．Ⅲ、Ⅳ

59．如调制速率为 2 400 波特，多相调制相数 k＝8，则数据传输速率为（　　）。
A．19 200 b/s　　B．7 200 b/s
C．4 800 b/s　　D．2 400 b/s

60．在作业管理中，对用户和计算机交互不利的接口是（　　）。
A．脱机接口　　B．联机接口
C．假脱机接口　　D．假联机接口

二、填空题

请将答案分别写在答题卡中序号为【1】至【20】的横线上，答在试卷上不得分。

1．SIMD 指单指令流、【1】扩展指令。

2．微机局域网连接可以采用租用一条【2】、连接和电话线连接两种方式。

3．网络拓扑通过网中结点与通信线路之间的【3】关系表示网络结构。

4．当中断处理结束时，需要重新选择运行进程，此时系统核心将控制权转到【4】。

5．因特网中每台主机至少有一个【5】来唯一的标识来区别该主机与其他主机。

6．在网络每个节点存放一张事先定好的路由表，传输时能找出最短路径【6】。

7．在数字信封技术中，需要使用对称密钥加密技术对要发送的信息加密。其对称密钥是由【7】生成的。

8．尽管 Windows NT 操作系统的版本不断变化，但从网络操作与系统应用角度看，有两个概念始终没变，这就是【8】模型与域模型。

9．网络操作系统为支持分布式服务，提出了一种新的网络资源管理机制，即分布式【9】管理机制。

10．【10】技术首先使用私有密钥加密技术对要发送的数据信息进行加密，然后利用公用密钥加密算法对私有密钥加密技术中使用的私有密钥进行解密。

11．凡将地理位置不同并具有独立功能的多个计算机系统通过通信设备和线路连接起来，以功能完善的网络软件实现网络中【11】的系统，称之为计算机网络系统。

12．如果一个 IP 地址为 202.93.120.34 的主机向 IP 为 255.255.255.255 的地址发送数据，这种做法称为【12】广播 。

13．一个路有表通常包含许多（N，R）对序偶，其中 N 是指【13】的 IP 地址。

14．通道和外部设备的连接方式有:【14】和交叉连接方式。

15．从理论上说，如果知道了加密算法，则采用【15】的攻击方法肯定能够解密出明文。

16．截取是指未授权的实体得到了资源的访问权，这是对<u>【16】</u>性的攻击。

17．Elgamal 公钥体制的加密算法具有不确定性，所以又称其为<u>【17】</u>加密体制。

18．操作系统按照处理机数目可分为：单处理机操作系统和<u>【18】</u>。

19．<u>【19】</u>的目的就是实现更广泛的资源共享，实现不同网络上的用户进行信息、数据的交换。

20．蓝牙技术一般用于<u>【20】</u>米之内的手机、PC、手持终端等设备之间的无线连接。

第23套

一、选择题

下列各题 A、B、C、D 四个选项中，只有一个选项是正确的，请将正确选项涂写在答题卡相应位置上，答在试卷上不得分。

1. 做各种统计和计算属于计算机信息系统的（　　）。

   A. 信息获取　　B. 信息存储

   C. 信息转换　　D. 信息查询

2. 在通道的运算控制部件中，保存正在执行的通道指令的字是（　　）。

   A. 通道地址字　　B. 通道命令字

   C. 通道状态字　　D. 通道控制字

3. 从信息角度来讲，网络信息被盗属于安全攻击中的（　　）。

   A. 中断　　B. 截取　　C. 修改　　D. 捏造

4. 奔腾芯片采用的局部总线是（　　）。

   A. VESA　　B. PCI　　C. EISA　　D. MCA

5. 在光纤发送端，主要采用（　　）光源。

   A. 发光二极管与注入性激光二极管　　B. 发光二极管

   C. 注入性激光二极管　　D. LED

6. 通常（　　）位（二进制）是一个字节。

   A. 4　　B. 8　　C. 16　　D. 32

7. 机器指令是用二进制代码表示的，它能被计算机（　　）。

   A. 编译后执行　　B. 直接执行

   C. 解释后执行　　D. 汇编后执行

8. 10 Gbps Ethernet 采用的标准是 IEEE（　　）。

   A. 802.3a　　B. 802.3ab

   C. 802.3ae　　D. 802.3u

9. 代表 WWW 页面文件的文件扩展名为（　　）。

A．.htm　　　B．.jpeg　　　C．.gif　　　D．.mpeg

10．所谓信息高速公路的国家信息基础结构由 5 个部分组成，除了信息及应用和开发信息的人员之外，其余 3 个组成部分是（　　）。

①计算机等硬件设备　　②数字通信网

③数据库　　④高速信息网

⑤软件　　⑥WWW 信息库

A．①④⑤　　B．①②③

C．②⑤⑥　　D．①③⑤

11．保证在公共因特网上传送的数据信息不被篡改是指（　　）。

A．数据传输的安全性　　B．数据的完整性

C．身份认证　　D．交易的不可抵赖

12．交换式局域网增加带宽的方法是在交换机多个端口之间建立（　　）。

A．点一点连接　　B．并发连接

C．物理连接　　D．数据连接

13．香农定理与（　　）参数无关。

A．信道带宽　　B．误码率

C．噪声功率　　D．信噪比

14．计算机网络由（　　）构成。

A．通信子网、资源子网　　B．资源子网、通信链路

C．通信子网、通信链路　　D．通信子网、资源子网、通信链路

15．在 CSMA / CD 媒体控制方法中，为了检测出冲突，需要维持一个最短帧长度，必要时可在帧中添加（　　）字段。

A．SFD　　B．FCS　　C．PAD　　D．LEN

16．下列说法错误的是（　　）。

A．网络管理协议是低层网络应用协议

B．SNMP 是一个面向 Internet 的管理协议

C．SNMP 其管理对象包括网桥、路由器、交换机等内存处理能力有限的网络互联设备

D．SNMP 是目前最为流行的网络管理协议

17．符合 FDDI 标准的连网的节点数小于等于（　　）。

A．1 000 000　　B．100 000　　C．10 000　　D．1 000

18．在 OSI 七层结构模型中，实现帧同步功能的层是（　　）。

A．物理层　　　B．传输层　　　C．数据链路层　　　D．网络层

19．（　　）网络属于国家教育部管理。

A．CHINANET　　　B．金桥网

C．科研网　　　D．教育网

20．在令牌总线和令牌环局域网中，令牌是用来控制节点对总线的（　　）。

A．传输速率　　　B．传输延迟

C．误码率　　　D．访问权

21．FDDI 采用（　　）作为物理媒体。

A．同轴电缆　　　B．光纤

C．屏蔽双绞线　　　D．非屏蔽双绞线

22．在 NT 网主域控制器上运行的操作系统是（　　）。

A．Windows NT Server　　　B．NetWare 5

C．Windows NT Workstation　　　D．Windows 2000 Professional

23．IEEE 802.11 没有定义使用的传输技术为（　　）。

A．红外　　　B．跳频扩频

C．直接序列扩频　　　D．窄带微波

24．计算机网络是由多个互连的节点组成的，节点之间要做到有条不紊地交换数据，每个节点都必须遵守一些事先约定好的规则，这些规则、约定与标准被称为网络协议(Protocol)。网络协议主要由以下三个要素组成（　　）。

A．语义、语法与体系结构　　　B．硬件、软件与数据

C．语义、语法与时序　　　D．体系结构、层次与语法

25．下列关于防火墙的说法中，正确的是（　　）。

A．防火墙显示内部 IP 地址及网络机构的细节

B．防火墙一般应放置在公共网络的入口

C．防火墙不提供虚拟专用网（VPN）功能

D．以上都不对

26．在网络操作系统的分类中，以计算机硬件为基础，根据网络服务的特殊要求，直接利用计算机硬件与少量软件资源专门设计的操作系统属于（　　）系统。

A．面向任务型　　　B．通用型

C．变形系统　　　D．基础级

27．以下关于网络操作系统的基本任务的描述中，错误的是（　　）。

A．区分本地资源和网络资源
B．为用户提供基本网络服务功能
C．完成网络共享资源的管理
D．提供网络系统的安全性服务

28．下列10Mbps以太网的物理层可选方案中，使用非屏蔽双绞线介质的是（　　）。
A．10 BASE－5　　B．10BASE－2
C．10BASE－2　　D．10BASE－F

29．从信息角度来讲，网络电缆被盗属于安全攻击中的（　　）。
A．中断　　B．截取　　C．修改　　D．捏造

30．NetWare采用的高效访问硬盘机制包括（　　）
Ⅰ．目录Hash　　Ⅱ．文件Cache
Ⅲ．多硬盘通道　　Ⅳ．目录Cache
A．Ⅰ和Ⅱ　　B．Ⅱ和Ⅳ　　C．Ⅰ、Ⅱ和Ⅳ　　D．全部

31．目前有关认证的使用技术主要有（　　）。
A．消息认证、身份认证、数字签名　　B．消息认证、身份认证
C．消息认证、身份认证、口令机制　　D．消息认证、数字签名

32．WWW服务器和浏览器之间采取（　　）协议进行通信。
A．文件传输　　B．超文本传输
C．网间互连　　D．传输控制

33．从用户角度看，因特网是一个（　　）。
A．广域网　　B．远程网
C．综合业务服务网　　D．信息资源网

34．网络层互联主要用于（　　）。
A．分布在不同地理范围内的局域网互联
B．具有多个网络层协议的多个局域网互联
C．广域网之间的互联
D．广域网和局域网互联

35．在计算机网络的分类中，帧中继主要应用于（　　）中。
A．局域网　　B．广域网
C．城域网　　D．广播式网络

36．在以下网络协议中，（　　）协议属于网络层协议。

Ⅰ. TCP　　Ⅱ. UDP　　Ⅲ. IP　　Ⅳ. ARP

A. Ⅰ、Ⅱ和Ⅲ　　B. Ⅰ和Ⅱ　　C. Ⅲ和Ⅳ　　D. 都不是

37. 防火墙是设置在可信任网络和不可信任的外界之间的一道屏障，其目的是（　　）。

A. 保护一个网络不受另一个网络的攻击

B. 使一个网络与另一个网络不发生任何关系

C. 保护一个网络不受病毒的攻击

D. 以上都不对

38. 不属于操作系统所管理的计算机系统资源是（　　）。

A. CPU　　B. 内存　　C. 程序　　D. 中断

39. 在网络互联中，（　　）是基础。

A. 互联　　B. 互通　　C. 互操作　　D. 透明

40. 目前世界上规模最大、用户最多的计算机网络是 Internet，下面关于 Internet 的叙述中，错误的叙述是（　　）。

A. Internet 由主干网、地区网和校园网（企业或部门网）三级组成

B. WWW（World Wide Web）是 Internet 上最广泛的应用之一

C. Internet 使用 TCP / IP 协议把异构的计算机网络进行互连

D. Internet 的数据传输速率最高可达 1 Mbps

41. 在文件系统中，用户以（　　）方式直接使用外存。

A. 偏移地址　　B. 虚拟地址

C. 段地址　　D. 名字空间

42. 随着电信网、有线电视网、计算机网络都提供综合业务，三种网络间的界限也必将越来越模糊，这就是通常所说的（　　）。

A. "超级一线通"　　B. "网络就是计算机"

C. "哈佛结构"　　D. "三网合一"

43. 能够使管理人员监视网络运行的关键参数（如：响应时间、错误率、吞吐率）的是（　　）。

A. 性能管理　　B. 配置管理　　C. 故障管理　　D. 安全管理

44. 在网络管理系统的逻辑模型，（　　）是用于对网络中的设备和设施进行全面管理和控制的软件。

A. 管理对象　　B. 管理进程　　C. 管理信息库　　D. 管理协议

45. 电子邮件系统中，（　　）用来存放电子邮件。

A. 报文存储器　　B. 报文传送代理

C. 用户代理　　D. 网关

46. 某种网络安全威胁是通过执行无关程序使系统响应减慢甚至瘫痪，影响正常用户使用。这种安全威胁属于（　　）。

A. 窃听数据　　B. 破坏数据完整性

C. 拒绝服务　　D. 物理安全威胁

47. 一般覆盖某个企业或校园的计算机网络属于（　　）。

A. LAN　　B. MAN　　C. WAN　　D. FDDI

48. 反映数据链路层一级转换的互联中继系统是（　　）。

A. 中继器　　B. 桥接器

C. 路由器　　D. 网关

49. 应用级网关通常安装在（　　）上。

A. 路由器　　B. 专用的工作站系统

C. 局域网网卡　　D. 以上都不对

50. 消息认证的内容不包括（　　）。

A. 证实消息的信源和信宿

B. 消息内容是否被更改过

C. 消息的序号和时间性是否正确

D. 消息的发送者是谁

51. 防火墙可以提供的四种服务是（　　）。

A. 服务控制、方向控制、用户控制和行为控制

B. 数据报控制、方向控制、用户控制和行为控制

C. 数据报控制、流量控制、用户控制和行为控制

D. 数据报控制、流量控制、访问控制和行为控制

52. 计算机通信协议实际是一组（　　）。

A. 接口　　B. 规则　　C. 译码　　D. 呼叫

53. 防火墙实现站点安全策略的技术中，不包括（　　）。

A. 服务控制　　B. 方向控制

C. 流量控制　　D. 行为控制

54. 数字签名技术中，通常使用（　　）对要签名的信息进行处理。

A. 公钥加密技术　　B. 安全单向散列函数

C. 安全双向散列函数　　D. 不可逆加密技术

55. 分组密码是对明文分为同样大小的数据组分别加密，下面说法正确的是（　　）。

A. 在给定原始密钥之后，在加密过程中密钥自动转换

B. 分组密码的数据可以调换位置而序列密码不行

C. 分组密码是对明文序列进行转换或置换等操作

D. 序列密码是对明文序列进行异或操作

56. 所谓“数字签名”是（　　）。

A. 一种使用“公钥”加密的身份宣示

B. 一种使用“私钥”加密的身份宣示

C. 一种使用“对称密钥”加密的身份宣示

D. 一种使用“不可逆算法”加密的身份宣示

57. 主机域名 company.tpt.tj.cn 由 4 个子域组成，其中表示网络名的是（　　）。

A. company　　B. tpt　　C. tj　　D. cn

58. 当把密钥从一个地方传送到另一个地方时，下列（　　）方法不可行。

A. 由证书权威机构 CA 来分发

B. 将密钥分成两部分，委托给两个不同的人

C. 利用因特网的聊天室直接告诉对方

D. 用另一个密钥加密本密钥

59. 关于网络技术的发展趋势，以下说法不正确的是（　　）。

A. 网络由面向终端向资源共享发展

B. 网络由单一的数据通信网向综合业务数字通信网发展

C. 网络由分组交换向报文交换发展

D. 网络由对等通信方式向网站 / 浏览器方式发展

60. SDH 通常在宽带网的（　　）使用。

A. 传输网　　B. 交换网　　C. 接入网　　D. 存储网

二、填空题

请将答案分别写在答题卡中序号为【1】至【20】的横线上，答在试卷上不得分。

1. 通常将【1】合称为中央处理器（Central Processor Unit，CPU）。

2. 电子邮件客户端应用程序使用 SMTP 协议和 POP3 协议，它们的中文名称分别是【2】和邮局协议。

3. 计算机网络层次结构模型和各层协议的集合叫做计算机网络【3】。

4．描述数据通信的基本技术参数是【4】与误码率。

5．考虑到安全性，可以使用防火墙将 Intranet 和【5】隔离开来。

6．从静态的观点看，操作系统中的进程是由程序段、数据和【6】三部分组成。

7．匿名 FTP 服务通常使用的账号名为【7】。

8．作为 TCP/IP 协议簇的一部分，SNMP 设计为一种基于【8】的应用层协议。

9．令牌总线媒体访问控制方法是综合了 CSMA / CD 的结构简单、在轻负载下延迟小的优点和【9】的在重负载下利用率高、网络性能对距离不敏感以及具有公平访问的优点，并在此基础上形成的一种媒体访问控制方法。

10．密钥分发技术主要有 CA 技术和【10】技术。

11．IP 地址中的主机不能使用的地址包括网络地址、广播地址和【11】等。

12．大型科学计算、信息处理、多媒体数据服务于视频服务需要数据通信网能提供很高的带宽与【12】性要求。

13．大多数计算机系统将 CPU 执行状态划分为管态和【13】。

14．信息安全包括 5 个基本要素：机密性、完整性、【14】、可控性和可审查性。

15．SNMP 采用【15】监控方式。

16．在使用浏览器时，必须在主页的【16】中注明要连接模式及其服务器的地址。

17．传统的分组交换网 X.25 的协议是建立在原有的速率较低、误码率较高的电缆传输介质之上的。为了保证数据传输的可靠性，X.25 协议的复杂执行过程必然要增大网络传输的【17】时间。

18．IP 数据包的格式可以分为【18】区和数据区两大部分。

19．ATM 的主要技术特征有：多路复用、面向连接、服务质量和【19】传输。

20．10 BASE-2 也是亚 IEEE 802.3 物理层标准之一，它采用的传输介质是【20】，传输距离为 185 m。

第 24 套

一、选择题

下列各题 A、B、C、D 四个选项中，只有一个选项是正确的，请将正确选项涂写在答题卡相应位置上，答在试卷上不得分。

1. 下列对 Internet 的叙述中，正确的是（　　）。
   A. Internet 就是 WWW（Word Wide Web）
   B. Internet 就是信息高速公路
   C. Internet 就是众多自治子网和终端用户机的互连
   D. Internet 就是各个局域网的互连

2. 关于计算机网络的描述中，错误的是（　　）。
   A. 计算机资源指计算机硬件、软件与数据
   B. 计算机之间有明确的主从关系
   C. 互连的计算机是分布在不同地理位置的自治计算机
   D. 网络用户可以使用本地资源和远程资源

3. 以下说法中不正确的是（　　）。
   A. 现在手持设备还都不能上网
   B. 现在家用计算机和多媒体计算机几乎一样
   C. 笔记本电脑使用的是 LCD 液晶显示器
   D. 工作站与高端微机的差别主要表现在工作站通常要有一个屏幕较大的显示器

4. 在进行站点设计时，加入建立详细日志的设计是为了（　　）。
   A. 精炼网站内容　　B. 精心设计网页版面
   C. 建立与网民的交互空间　　D. 收集统计信息

5. Intranet 是把一批限定的，使用标准的（　　）的客户机连结在一起的网络。
   A. 单层 C / S 结构　　B. Internet 协议
   C. 高速局域网技术　　D. 双层 C / S 结构

6. 下列软件（　　）不是浏览软件。
   A. Internet Explorer　　B. Netscape Communicator
   C. Lotus 1-2-3　　D. Hot Java Browser

7. IEEE 802.3 标准中，MAC 子层和物理层之间的接口，不包括（　　）。

A. 发送和接收帧　　B. 载波监听

C. 起动传输　　D. 冲突控制

8. Token Bus 的环初始化是指在网络启动或故障发生后，必须执行环初始化过程，根据某种算法将所有环中结点排序，动态形成（　　）。

A. 逻辑环　　B. 物理环　　C. 令牌　　D. 结点

9. 帧中继（Frame Relay）交换是以帧为单位进行交换，它是在（　　）上进行的。

A. 物理层　　B. 数据链路层

C. 网络层　　D. 运输层

10. NetWare 文件系统的层次结构是（　　）。

A. 文件服务器、卷、目录、子目录、文件

B. 卷、目录、子目录、文件

C. 文件服务器、目录、子目录、文件

D. 文件服务器、卷、册、目录、子目录、文件

11. 网络中数据传输差错的出现具有（　　）。

A. 随机性　　B. 确定性　　C. 指数特性　　D. 线性特性

12. 常用的数据传输速率单位有 kbps、Mbps、Gbps。1 Gbps 等于（　　）。

A. 1×10^3 Mbps　　B. 1×10^3 kbps　　C. 1×10^6 Mbps　　D. 1×10^9 kbps

13. 死锁预防是保证系统不进入死锁状态的静态策略，其解决办法是破坏产生死锁的四个必要条件之一。下列方法中，破坏了“循环等待”条件的是（　　）。

A. 银行家算法　　B. 一次性分配策略

C. 剥夺资源法　　D. 资源有序分配策略

14. 在 IEEE 802 协议中，（　　）标准定义了无限局域网技术。

A. IEEE 802.9　　B. IEEE 802.10

C. IEEE 802.11　　D. IEEE 802.8

15. IEEE 8025 令牌环网数据帧中的访问控制字段 AC 由（　　）组成。

A. 优先级位 P、预约位 R、令牌位 T 及监视位 M

B. 优先级位 P、预约位 R、令牌位 T 及帧复制位

C. 地址识别位 A、预约位 R、令牌位 T 及监视位 M

D. 地址识别位 A、预约位 R、令牌位 T 及帧复制位

16. 以下关于 TCP / IP 协议的描述中，错误的是（　　）。

A. HTTP 协议可以依赖 TCP 协议也可以使用 UDP 协议
B. DNS 协议既可以使用 TCP 协议也可以使用 UDP 协议
C. FTP 协议是依赖于 TCP 协议的
D. SNMP 协议是依赖于 UDP 协议的

17. 一个路由表通常包含许多（N，R）对序偶，其中（　　）。
A. N 指本地网络的 IP 地址，R 指到达网络 N 路径上的下一个路由器的 IP 地址
B. N 指本地网络的 IP 地址，R 指到达网络 N 路径上的任一个路由器的 IP 地址
C. N 指目的网络的 IP 地址，R 指到达网络 N 路径上的下一个路由器的 IP 地址
D. N 指目的网络的 IP 地址，R 指到达网络 N 路径上的任一个路由器的 IP 地址

18. 虚拟存储技术的基本思想是利用大容量的外存来扩充内存，产生一个比实际内存大得多的虚拟内存空间。引入它的前提是（　　）。
Ⅰ. 程序局部性原理
Ⅱ. 时间局部性原理
Ⅲ. 空间局部性原理
Ⅳ. 数据局部性原理
A. Ⅰ、Ⅱ 和 Ⅲ　　B. Ⅰ、Ⅱ 和 Ⅳ
C. Ⅰ、Ⅲ 和 Ⅳ　　D. 全部

19. 以下关于 Ethernet 工作原理的描述中，错误的是（　　）。
A. 在 Ethernet 中，数据通过总线发送
B. 所谓冲突检测是发送节点前对总线上是否有信号传输进行检测
C. 令牌总线网在物理上是总线网，而在逻辑上是环网
D. 连在总线上的所有节点都能“收听”到发送节点发送的数据信号

20. 关于 NetWare 文件系统的描述中，正确的是（　　）。
A. 不支持无盘工作站
B. 通过多路硬盘处理和高速缓冲技术提高硬盘访问速度
C. 不需要单独的文件服务器
D. 工作站的资源可以直接共享

21. 通信子网不包括（　　）。
A. 物理层　　B. 数据链路层
C. 网络层　　D. 传输层

22. Gigabit Ethernet 为了保证在传输速率提高到 1 000 Mbps 时不影响 MAC 子层，定义了一个新的（　　）。
A. 千兆介质专用接口　　B. 千兆单模光纤接口
C. 千兆逻辑链路子层接口　　D. 千兆多模光纤接口

23. 防火墙采用的最简单的技术是（　　）。

A. 设置进入密码　　B. 安装保护卡

C. 隔离　　D. 包过滤

24. TCP 是（　　）。

A. Internet 内容提供商　　B. 传输协议

C. Internet　　D. 一种域名

25. 有两个局域网在本地进行互连，需要用到（　　）。

A. 通信介质　　B. 网间互连设备

C. 广域网技术　　D. 线路交换技术

26. 关于 Unix 的描述中，正确的是（　　）。

A. 是多用户操作系统　　B. 用汇编语言写成

C. 其文件系统是网状结构　　D. 其标准化进行很顺利

27. 构建以太网 10 BASE-T 时，如果用细同轴电缆连接两台集线器，则两台计算机的最远距离可达（　　）。

A. 185 m　　B. 285 m　　C. 385 m　　D. 485 m

28. Gigabit Ethernet 的每个比特的发送时间为（　　）。

A. 1μs　　B. 10μs　　C. 10 ns　　D. 1 ns

29. 1000 BASE-T 标准规定网卡与 HUB 之间的非屏蔽双绞线长度最大为（　　）

A. 50 米　　B. 100 米　　C. 200 米　　D. 500 米

30. 通信子网由网络通信控制处理机、（　　）和其他通信设备组成。

A. 主机　　B. CCP　　C. 通信线路　　D. 终端

31. 接入网概念中，紧接交换机的部分是（　　）。

A. 主干系统　　B. 配线系统　　C. 引入线　　D. 控制线

32. 虚拟网络以软件方式来实现逻辑工作组的划分与管理。如果同一逻辑工作组的成员之间希望进行通信，那么它们（　　）。

A. 可以处于不同的物理网段，而且可以使用不同的操作系统

B. 可以处于不同的物理网段，但必须使用相同的操作系统

C. 必须处于相同的物理网段，但可以使用不同的操作系统

D. 必须处于相同的物理网段，而且必须使用相同的操作系统

33. 在网络管理中，采用绿、黄、红、蓝等颜色指示设备的运行状态，这种方案属于（　　）

的功能。

A．配置管理　　B．性能管理

C．故障管理　　D．计费管理

34．IP 地址是（　　）。

A．授权单位分配的　　B．上网主机自动产生的

C．ISP 提供的　　D．由授权单位和 ISP 协商制定的

35．主机 A 运行 Unix 操作系统，IP 地址为 192.186.224.35，子网屏蔽码为 255.255.255.240；主机 B 运行 Linux 操作系统，IP 地址为 192.186.224.38，子网屏蔽码为 255.255.255.240。它们分别连接在同一台局域网交换机上，但处于不同的 VLAN 中。主机 A 通过 ping 命令去 ping 主机 B 时，发现接收不到正确的响应。可能的原因是（　　）。

A．主机 A 和主机 B 的 IP 地址不同

B．主机 A 和主机 B 处于不同的 VLAN 中

C．主机 A 和主机 B 使用了不同操作系统

D．主机 A 和主机 B 处于不同的子网中

36．网卡按所支持的传输介质类型进行分类时，不包括下列（　　）。

A．双绞线网卡　　B．细缆网卡

C．光纤网卡　　D．10M/100M/1G 网卡

37．在宽带 ISDN 参考模型中，协议分为三个面，这三个面是（　　）。

A．控制面、连接面、用户面　　B．控制面、用户面、管理面

C．用户面、管理面、网络面　　D．管理面、物理面、控制面

38．用以连接局域网的硬件是（　　）。

A．网卡　　B．网关

C．网桥（桥接器）　　D．集线器

39．下列属于电话线路接入因特网的费用是（　　）。

Ⅰ．开户费　　Ⅱ．因特网使用费　　Ⅲ．电话费

A．Ⅰ和Ⅱ　　B．Ⅱ、Ⅲ　　C．Ⅰ、Ⅲ　　D．都是

40．下列（　　）不是 Internet 上的浏览器。

A．Internet Explorer　　B．Navigator

C．HotJava　　D．Visual J＋＋

41．TCP / IP 协议实现机间通用连接的方式是（　　）。

A．通过主机名　　B．通过 IP 地址

C．通过 MAC 地址　　D．通过物理地址

42. 常用的摘要算法有 MD4、MD5、SHA 和 SHA-1。SNMP 的安全协议使用（　　）。

A. SHA　　B. SHA-1　　C. MD4　　D. MD5

43. 在数字证书中，假定张三提前知道 CA 的真实公钥，那么，张三就可以相信证书携带了他要鉴别的成员的一个合法的（　　）。

A. 公钥　　B. 权限　　C. 程序　　D. 身份

44. 网络建成后，用户对需求的改变可能会影响整个网络计划，这时需要管理员进行网络的（　　）。

A. 建设　　B. 维护　　C. 优化　　D. 扩展

45. 有些计算机系统的安全性不高，不对用户进行验证，这类系统的安全级别是（　　）

A. D1　　B. A1　　C. C1　　D. C2

46. 关于因特网的描述中，错误的是（　　）。

A. 采用 OSI 标准　　B. 是一个信息资源网

C. 运行 TCP/IP 协议　　D. 是一种互联网

47. 使用历史记录是 WWW 浏览器的基本功能。历史命令用于记录一个用户最新访问过的（　　）。

A. 页面地址列表　　B. 错误信息

C. 时间记录　　D. 以上都不对

48. 用 Netware 的远程网桥互连网络，要借助于（　　）。

A. 增加电缆长度　　B. 作用中继器

C. 使用其他传输介质　　D. 内桥

49. 张三想要得到李四的公钥，需要通过（　　）获得。

A. 消息认证　　B. 身份认证

C. 数字签名　　D. 数字证书

50. 超文本标记语言是（　　）。

A. HTML　　B. HTTP

C. DML　　D. CML

51. 公钥加密技术的优越性体现在（　　）。

A. 比对称密钥系统更具有科学性　　B. 公众得到密钥方便

C. 加密和解密算法更为简单　　D. 不必隐蔽密钥的传送

52. 下面关于 IPSec 的说法中，错误的是（　　）。

A．它是一套用于网络层安全的协议
B．它可以提供访问控制服务
C．它不提供流量保密服务
D．它能在 IPv6 环境下使用，也能在 IPv4 环境下使用

53．破坏死锁的四个必要条件之一就可以预防死锁，若规定一个进程请求新资源之前，首先释放已占有的资源则破坏了（　　）条件。
A．互斥使用　　B．部分分配
C．不可剥夺　　D．环路等待

54．不属于按数据交换来划分计算机网络类型的是（　　）。
A．直接交换网　　B．间接交换网
C．存储转发交换网　　D．混合交换网

55．为了避免第三方偷看 WWW 浏览器与服务器交互的敏感信息，通常需要（　　）。
A．采用 SSL 技术　　B．在浏览器中加载数字证书
C．采用数字签名技术　　D．将服务器放入可信站点区

56．下列说法中错误的是（　　）。
A．服务攻击针对 E-mail 服务、Telnet 服务、FTP 服务、HTTP 服务等的专门攻击
B．非服务攻击是基于网络层等低层协议而进行的。
C．攻击方法可以分为服务攻击与非服务攻击
D．服务攻击更为隐蔽

57．IP 地址分为 A、B、C、D 和 E 五类，其中 A 类地址用（　　）位二进制数表示网络地址。
A．1　　B．7　　C．9　　D．10

58．关于网站建设，下面说法（　　）是不够正确的。
A．网站内容应该精练，以使用户在较短的时间内捕获到网站的核心内容
B．网站应该加强管理与维护，以保证网站内容长“新”不衰
C．网站版面的设计应该别具匠心、风格独特，以体现站点拥有者的文化底蕴
D．网站版面的设计应大量使用音频、视频等多媒体信息，以造成视觉冲击

59．关于数字签名的描述中，错误的是（　　）。
A．可以利用公钥密码体制　　B．可以利用对称密码体制
C．可以保证消息内容的机密性　　D．可以进行验证

60．所说的三网合一是指哪三个网络（　　）。
A．电信网、有线电视网和计算机网
B．电话网、有线电视网和计算机网

C．电信网、移动通信网和计算机网

D．以上都不对

二、填空题

请将答案分别写在答题卡中序号为【1】至【20】的横线上，答在试卷上不得分。

1．IEEE 802 标准的数据链路层功能划分为逻辑链路控制子层和【1】子层。

2．Intel 8086 处理器是【2】位的处理器。

3．计算机系统安全包括三个方面：秘密性、【3】和可用性。

4．路由器可以包含一个非常特殊的路由。在路由选择例程没有发现到达某一特定网络或特定主机的路由时，它转发数据包就使用该路由。该路由被称为【4】路由。

5．防火墙用于控制访问和执行站点安全策略的 4 种不同技术是：服务控制、方向控制、用户控制和【5】。

6．在 Client / Server 网络数据库中，客户端向数据库服务器发送查询请求采用【6】。

7．为了网络系统的安全，一般应在 Intranet 与 Internet 之间部署【7】。

8．分布式系统中存在一个以全局方式管理系统资源的分布式【8】。

9．有两种基本的差错控制编码　即检错码和【9】。

10．Linux 与 Windows NT 最大的区别是前者【10】。

11．故障管理最主要的作用是：通过网络管理者【11】并启动恢复过程的工具，使网络的可靠性得到增强。

12．局域网操作系统中，最重要、最基本的网络服务功能是【12】。

13．文件的逻辑结构可分为两种：无结构的字符流式文件和【13】。

14．网络故障管理的一般步骤包括：发现故障、判断故障、隔离故障、修复故障、【14】故障。

15．为了获得高速度的和高质量的报文分组数据传输，X.25 协议还使用了虚电路技术、多路复用技术、差错控制技术和【15】等技术。

16. IEEE 802.5 令牌环的 MAC 帧有两种基本格式：<u>【16】</u>和数据帧，其中，前者的长度是确定的，后者则可能很长。

17. P2P 网络中的结点同时兼任客户机与<u>【17】</u>的双重身份。

18. 虚拟网络建立在局域网交换机或 ATM 交换机之上，它以<u>【18】</u>方式来实现逻辑工作组的划分与管理。

19. 根据网络层次的结构模型，网络互连的层次可以分为：数据链路层互连、网络层互连和<u>【19】</u>。

20. X25 协议规定：为了保证公共分组数据网传输的可靠性，规定该网中每一个由分组交换机构成的节点都必须<u>【20】</u>。

第25套

一、选择题

下列各题A、B、C、D四个选项中，只有一个选项是正确的，请将正确选项涂写在答题卡相应位置上，答在试卷上不得分。

1. 域名为SP2.Unia.edu.cn的所有国家为（　　）。
   A. 美国　　B. 日本　　C. 英国　　D. 中国

2. 在数据库、数据采掘、决策支持、电子设计自动化等应用中，由于服务器处理的数据量都很庞大，因而常常需要采用安腾处理器。安腾处理器采用的创新技术是（　　）。
   A. 复杂指令系统计算CISC　　B. 精简指令系统计算RISC
   C. 简明并行指令计算EPIC　　D. 复杂并行指令计算CPIC

3. 2008年北京奥运会实现了绿色奥运、人文奥运、科技奥运。以下关于绿色奥运的描述中，错误的是（　　）。
   A. 以可持续发展理念为指导　　B. 旨在创造良好生态环境的奥运
   C. 抓好节能减排、净化空气　　D. 信息科技是没有污染的绿色科技

4. ATM的信元长度为（　　）字节，其中信元头为（　　）字节。
   A. 64，3　　B. 53，5　　C. 50，3　　D. 48，5

5. 有许多国际标准可实现视频信息的压缩，其中适合于连续色调、多级灰度静止图像的压缩标准是（　　）。
   A. JPEG　　B. MPEG　　C. P*32　　D. P*64

6. 2.5×10^{12}bps的数据传输速率可表示为（　　）。
   A. 2.5 kbps　　B. 2.5 Mbps
   C. 2.5 Gbps　　D. 2.5 Tbps

7. 粗线以太网中，连接两个以太网干线并增强它们之间信号强度的设备是（　　）。
   A. 收发器　　B. 中继器　　C. 端接器　　D. 路由器

8. 网络拓扑设计的优劣将直接影响着网络的性能、可靠性与（　　）。
   A. 网络协议　　B. 通信费用
   C. 设备种类　　D. 主机类型

9. 从网络设计者的角度看，因特网是一个（　　）。

A. 信息资源网　　B. 网际网

C. 计算机互联网络的一个实例　　D. 利用计算机网络大展身手的舞台

10. 页式存储管理中进行地址映射时，系统一般提供（　　）支持。

A. 硬件　　B. 地址转换程序

C. 用户程序　　D. 装入程序

11. 下列表述中错误的是（　　）。

A. 动态分配需求的不断增长是 ATM 技术发展的主要因素之一

B. 线路交换技术的实时性比较好

C. 分组交换技术的灵活性比较好

D. ATM 技术的缺点在于它不支持 QoS

12. 在光纤通信中，（　　）可使多路不同波长的光信号在同一光纤上传输，增加了光纤的传输容量。

A. 波分复用　　B. 频分复用

C. 时分复用　　D. 载波侦听多路访问

13. 只能在管态下执行的指令是（　　）。

A. 读时钟日期　　B. 访管指令　　C. 屏蔽中断指令　　D. 取数指令

14. 在分布透明性中，用户需要知道分片存储于哪一个站点的是（　　）。

A. 分片透明　　B. 位置透明

C. 局部数据模型透明　　D. 分布透明

15. 以下关于 TCP / IP 参考模型中协议的匹配，不正确的是（　　）。

A. TCP—传输层　　B. DNS—域名服务

C. TELNET—文件传输协议　　D. ARP—网络层

16. 一个 IP 地址由网络地址和（　　）两部分组成。

A. 广播地址　　B. 多址地址

C. 主机地址　　D. 子网掩码

17. 关于软件开发的描述中，错误的是（　　）。

A. 软件生命周期包括计划、开发、运行三个阶段

B. 开发初期进行需求分析、总体设计、详细设计

C. 开发后期进行编码和测试

D. 文档是软件运行和使用中形成的资料

18．以下（　　）是 Ethernet 的物理地址。

A．255.255.255.0　　B．00-7A-0D-DD-D6-23

C．3E-34-A3　　D．192.168.0.1

19．调制解调器控制功能中用来存储电话号码以便为自动拨号调制解调器访问远程系统时使用的是（　　）。

A．磁盘目录列表　　B．拨号目录

C．模式切换　　D．电话挂起

20．对单个建筑物内低通信容量的局域网来说，较适合的有线传输媒体为（　　）。

A．光纤　　B．双绞线

C．无线　　D．同轴电缆

21．虚拟局域网采取（　　）方式实现逻辑工作组的划分和管理。

A．地址表　　B．软件

C．路由表　　D．硬件

22．为了协调高速设备和低速设备之间的巨大差距，在内存中开辟一个区域，供两种设备交换信息的技术是（　　）。

A．假脱机技术　　B．缓冲区技术

C．虚拟设备技术　　D．SPOOLing 技术

23．在网络管理中，最重要的是（　　）。

A．网络安全　　B．计费管理

C．故障诊断　　D．流量控制

24．数字信封技术使用（　　）层加密体制。

A．1　　B．2

C．3　　D．4

25．以下关于虚拟局域网特征的描述中，正确的是（　　）。

A．虚拟局域网以硬件方式实现逻辑工作组的划分与管理

B．虚拟局域网能将网络上的结点按工作性质与需要划分成若干个逻辑工作组

C．虚拟局域网只能定义在网络的数据链路层上

D．同一逻辑工作组的成员必须连接在同一个物理网段上

26．从通信网络传输方面划分，对网络上传输的数据报文进行加密的技术称为（　　）。

A．链路加密方式　　B．结点到结点方式

C．端到端方式　　D．可逆加密

27. 以下几种 CSMA 坚持算法中，（　　）的介质利用率相对来说比较低。

A. 1－坚持 CSMA　　B. 不坚持 CSMA

C. P－坚持 CSMA　　D. 以上都一样

28. 从传输延迟时间的量级来看，路由器一般为几千微秒，而局域网交换机一般为（　　）。

A. 几微秒　　B. 几十微秒　　C. 几百微秒　　D. 几秒

29. 下列不属于 C2 级的操作系统的是（　　）。

A. UNIX 系统　　B. XINUX　　C. Windows NT　　D. Windows 98

30. 报文分组方式具有的优点是（　　）。

A. 转发的延时性降低

B. 在信息的传输过程中便于转发控制，允许报文被打断

C. 允许建立报文的优先权

D. 数据传输灵活

31. IEEE 802.3 标准定义了 CSMA / CD 总线介质访问控制子层与（　　）。

A. 服务器软件　　B. 路由器协议

C. 物理层规范　　D. 通信软件结构

32. FTP 只能识别两种基本的文件格式，它们是（　　）。

A. 文本格式和 Word 格式　　B. 文本格式和 ASCII 码格式

C. 文本格式和二进制格式　　D. Word 格式和二进制格式

33. ATM 的信元的长度为（　　）。

A. 256 MB　　B. 53 字节

C. 64 位　　D. 100 Mbps

34. 以下 IP 地址（　　）是可以分配给因特网中网站的。

A. 192.186.0.12　　B. 10.0.0.1

C. 202.113.96.267　　D. 202.113.34.255

35. 下列（　　）不是 CPU 对外部设备控制主要方式。

A. 循环测试 I / O 方式　　B. 直接内存存取（DMA）方式

C. 通道方式　　D. 缓存方式

36. 操作系统的另一个重要功能是存储管理。关于存储管理的任务，下面的叙述中，错误的是（　　）。

A. 内存管理是给每个应用程序所必需的内存，而又不占用其他应用程序的内存

B. 内存管理是管理在硬盘和其他大容量存储设备中的文件

C．当某些内存不够用时，还可以从硬盘的空闲空间生成虚拟内存以备使用

D．采取某些步骤以阻止应用程序访问不属于它的内存

37．关于 TCP 和 UDP 端口，下列叙述正确的是（　　）。

A．TCP 和 UDP 分别拥有自己的端口号，它们互不干扰，可以共存于同一台主机

B．TCP 和 UDP 分别拥有自己的端口号，但它们不能共存于同一台主机

C．TCP 和 UDP 的端口号没有本质区别，它们可以共存于同一台主机

D．TCP 和 UDP 的端口号没有本质区别，它们相互干扰，不能共存于同一台主机

38．如果 sam.exe 文件存储在一个名为 ok.edu.cn 的 ftp 服务器上，那么下载该文件使用的 URL 为（　　）。

A．http://ok.edu.cn/sam.exe　　B．ftp://ok.edu.cn/sam.exe

C．rtsp://ok.edu.cn/sam.exe　　D．mns://ok.edu.cn/sam.exe

39．ATM 技术中采用了（　　）技术。

A．频分多路复用技术　　B．波分多路复用技术

C．同步时分多路复用技术　　D．统计时分多路复用技术分

40．下面叙述中错误的是（　　）。

A．接入网（AN）指交换局到用户终端之间的所有接线设备

B．在网络侧 AN 通过节点接口与业务节点连接

C．接入网技术工具使用的媒体可以是铜线接入

D．用户侧 AN 通过 Q3 接口与用户终端连接

41．一种 Ethernet 交换机具有 24 个 10/100 Mbps 的全双工端口与 2 个 1 000 Mbps 的全双工端口，其总带宽最大可以达到（　　）。

A．0.44 Gbps　　B．4.40 Gbps

C．0.88 Gbps　　D．8.8 Gbps

42．在传输技术中，由于软件几乎可以控制网络中的所有设备，所以采用（　　）技术的系统较为脆弱。

A．PDH　　B．SDH

C．VDH　　D．UDH

43．域名服务 DNS 的主要功能为（　　）。

A．完成域名空间和 IP 地址的相互转换

B．查询主机的 MAC 地址

C．为新的主机自动命名

D．合理分配 IP 地址

44. 在信息安全系统的设计原则中，提高整个系统的“安全最低点”的安全性能，是（　　）所要求的。

A. 木桶原则　　B. 整体原则

C. 等级性原则　　D. 有效性与实用性原则

45. 对称加密技术的安全性取决于（　　）。

A. 密文的保密性　　B. 解密算法的保密性

C. 密钥的保密性　　D. 加密算法的保密性

46. 使用 Telnet 的主要目的是（　　）。

A. 登录远程主机　　B. 下载文件

C. 引入网络虚拟终端　　D. 发送邮件

47. 下述存储器中（　　）是所谓易失性存储器。

① RAM　　② ROM　　③ EPROM

A. 没有　　B. ①②③　　C. ①　　D. ②③

48. KDC 分发秘钥时，使用一次就会被销毁的是（　　）。

A. 会话密钥　　B. 公开密钥

C. 二者共享的永久密钥　　D. 都不是

49. 网络及互联的目标不包括（　　）。

A. 提供信源和信宿间的实时分组交换

B. 使用户界面独立于网络

C. 进行协议转换

D. 建立一个统一的、协作的、提供通用服务的通信系统

50. 主要作用是将收到的电信号加以放大、整形后再转发出去的设备是（　　）。

A. 网卡　　B. 中继器　　C. 集线器　　D. 交换机

51. 以下属于防火墙缺陷的是（　　）。

A. 保护脆弱的服务

B. 集中的安全管理

C. 不阻止来自内部的威胁

D. 控制对系统的访问

52. 下列说法中，正确的是（　　）。

A. 网络中的计算机资源主要指服务器、路由器、通信线路与用户计算机

B. 网络中的计算机资源主要指计算机操作系统、数据库与应用软件

C. 网络中的计算机资源主要指计算机硬件、软件与数据

D．网络中的计算机资源主要指 Web 服务器、数据库服务器与文件服务器

53．对于永久性资源，下列（　　）不是产生死锁的必要条件。

A．互斥条件，即进程互斥使用资源

B．可剥夺条件，进程获得的资源在未使用完时被其他进程强行剥夺

C．部分分配，在申请新资源的同时，继续占用已分配的资源

D．循环等待，每一进程已获得的资源同时被下一个进程所请求

54．宽带 ISDN 的核心技术是（　　）。

A．ATM 技术　　B．光纤接入技术

C．多媒体技术　　D．SDH 技术

55．数据加密技术可分为（　　）。

A．对称型加密、不对称型加密、不可逆加密

B．对称型加密、不对称型加密、

C．对称型加密、不对称型加密、可逆加密

D．对称型加密、不可逆加密

56．关于网络管理功能的描述中，错误的是（　　）。

A．配置管理是掌握和控制网络的配置信息

B．故障管理是定位和完全自动排除网络故障

C．性能管理是使网络性能维持在较好水平

D．计费管理是跟踪用户对网络资源的使用情况

57．下面（　　）攻击属于非服务攻击。

Ⅰ．邮件炸弹　Ⅱ．源路由攻击　Ⅲ．地址欺骗

A．Ⅰ和Ⅱ　　B．仅Ⅱ

C．Ⅱ和Ⅲ　　D．Ⅰ和Ⅲ

58．在采用确定型介质访问控制方法的局域网中，令牌用来控制结点对总线的访问权。它是一种特殊结构的（　　）。

A．控制帧　B．控制分组　C．控制字符　D．控制报文

59．TCP / IP 协议对（　　）做了详细的约定。

A．主机寻址方式、主机命名机制、信息传输规则、各种服务功能

B．各种服务功能、网络结构方式、网络的管理方式、主机命名方式

C．网络结构方式、网络管理方式、主机命名方式、信息传输规则

D．各种服务功能、网络结构方式、网络的管理方式、信息传输规则

60．中断处理过程分为五步，第一步：关中断、取中断源；第二步：保留现场；第三步：

（ ）；第四步：恢复现场；第五步：开中断、返回。

A. 转中断服务程序　　B. 将外设要求排队

C. 记录时钟　　D. 捕捉故障

二、填空题

请将答案分别写在答题卡中序号为【1】至【20】的横线上，答在试卷上不得分。

1. C / S 结构模式是对大型主机结构的一次挑战，其中 C 表示的是【1】。

2. Internet 的主要组成部分有：通信线路、路由器、服务器与客户机和【2】。

3. 安全攻击可以分为【3】和主动攻击两种。

4. 按计算机的规模划分，可以把计算机分为【4】、超大型机、中型机、小型机及微型计算机。

5. 将原数据变换成一种隐蔽的形式的过程称为【5】。

6. 一台【6】连有若干台终端，多个用户可以在各自的终端上向系统发出服务请求。

7. 信道中的噪声可分为热噪声和【7】噪声两大类。

8. DMA 是一种高速数据传送方式，它既不需要 CPU 干预，也不需要【8】。

9. NetWare 网络中至少要有【9】个文件服务器。

10. 三层 C / S 结构中，第一层为表示层，第二层为【10】层，第三层为数据层。

11. 在局域网参考模型中，每个实体和另一个系统的同等实体按照协议进行通信；而在一个系统中上下层之间的通信通过【11】定义的接口进行。

12. 在 Token Bus 网中，如果某站点没有数据帧等待发送，或者该站点的所有数据帧都发送完毕，或者令牌持有【12】，则令牌持有节点都必须交出令牌。

13. 电子邮件应用程序向邮件服务器传送邮件时使用的协议为【13】。

14. 多路复用技术可以分为频分多路复用、波分多路复用和【14】多路复用。

15. 网络协议主要由语法、语义和【15】三个要素组成。

16. 远程登录是一个在网络通信协议【16】的支持下，使自己的计算机暂时成为远程计算机终端的过程。远程登录服务是普通的分时计算机系统上登录机制的一种扩展。

17．防止口令猜测的措施之一是严格地限制从一个终端进行连续不成功登录的【17】。

18．星型拓扑构型结构简单，易于实现，便于管理，但是星型网络的【18】是全网可靠性的瓶颈，它的故障可能造成全网瘫痪。

19．防火墙主要可以分为数据包过滤、【19】和应用级网关等类型。

20．在 ATM 信元中有两个字段用来标识逻辑信道的连接，这两个字段是【20】字段和虚信道标识符字段。

附录　参考答案

第 1 套

一、选择题

1.A	2.C	3.B	4.A	5.D	6.B	7.A	8.D	9.B	10.B
11.C	12.C	13.B	14.C	15.D	16.A	17.A	18.A	19.D	20.C
21.B	22.A	23.C	24.B	25.C	26.B	27.D	28.C	29.C	30.B
31.C	32.B	33.C	34.D	35.A	36.C	37.D	38.C	39.B	40.A
41.D	42.D	43.A	44.B	45.A	46.B	47.A	48.B	49.A	50.B
51.C	52.D	53.C	54.B	55.C	56.D	57.B	58.B	59.B	60.D

二、填空题

【1】 通信
【2】 超标量技术
【3】 路由器
【4】 星型
【5】 多功能路由器
【6】 可堆叠式
【7】 层次性
【8】 以太网交换机
【9】 输入输出文件
【10】 16
【11】 传输方式的差异
【12】 192.168.3.7
【13】 局域网
【14】 C2
【15】 互联协议
【16】 封装安全负载协议
【17】 共享资源
【18】 网络
【19】 浏览器 或 browser
【20】 CMIS / CMIP

第2套

一、选择题

1.D	2.B	3.C	4.A	5.B	6.B	7.A	8.C	9.B	10. C
11.C	12.A	13.D	14.B	15.B	16.A	17.A	18.B	19.D	20.B
21.B	22.D	23.B	24.B	25.A	26.D	27.A	28.D	29.B	30.A
31.B	32.C	33.D	34.B	35.B	36.D	37.B	38.B	39.D	40.C
41.D	42.D	43.A	44.C	45.C	46.C	47.D	48.C	49.C	50.D
51.C	52.B	53.B	54.A	55.B	56.B	57.D	58.D	59.B	60.D

二、填空题

【1】 随机存取
【2】 MFLOPS
【3】 延迟 或 延时 或 时延
【4】 带通
【5】 服务器控制管理
【6】 端到端 或 End – to - End
【7】 开放系统基金会 或 OSF
【8】 非线性的、非顺序的
【9】 压缩算法
【10】 系统的外壳
【11】 无线
【12】 Chinaddn
【13】 顺序
【14】 代理者
【15】 轮询方法
【16】 预防保障
【17】 时序性
【18】 混合编码
【19】 提高通信设备和线路的传输速度
【20】 科学技术

第3套

一、选择题

1.C	2.C	3.D	4.C	5.C	6.D	7.D	8.C	9.A	10.B

11.C	12.C	13.B	14.D	15.D	16.B	17.D	18.B	19.D	20.B
21.D	22.C	23.B	24.A	25.C	26.C	27.B	28.C	29.D	30.A
31.B	32.C	33.C	34.D	35.D	36.D	37.A	38.B	39.D	40.B
41.B	42.B	43.B	44.B	45.D	46.A	47.B	48.C	49.C	50.B
51.D	52.A	53.B	54.D	55.C	56.D	57.A	58.B	59.C	60.B

二、填空题

【1】 整数指令
【2】 刀片
【3】 Photoshop
【4】 访问单元接口 AUI
【5】 传错的码元数 或 传错的码数
【6】 电子邮件
【7】 介质访问控制（MAC）
【8】 非对等
【9】 Netware（字母大小写均可）
【10】 双绞线
【11】 篡改
【12】 物理链路
【13】 POP3
【14】 网络接口层
【15】 频移键控
【16】 虚拟文件表 或 VFAT
【17】 PGP
【18】 相同
【19】 大于
【20】 4

第4套

一、选择题

1.B	2.A	3.C	4.A	5.A	6.C	7.B	8.D	9.C	10. A
11.C	12.A	13.D	14.A	15.C	16.C	17.D	18.A	19.C	20.B
21.C	22.D	23.C	24.A	25.A	26.C	27.B	28.D	29.A	30.D
31.B	32.D	33.A	34.D	35.D	36.D	37.B	38.B	39.C	40.B
41.A	42.B	43.C	44.D	45.C	46.D	47.A	48.A	49.B	50.D
51.B	52.B	53.C	54.B	55.C	56.B	57.D	58.B	59.B	60.C

二、填空题

【1】 软、硬件资源
【2】 无环路
【3】 管态
【4】 资源子网
【5】 帧长度
【6】 电话线
【7】 IEEE 802
【8】 100BASE-T4（字母大小写均可）
【9】 通信子网
【10】 计算机网络
【11】 分时操作系统
【12】 IP 地址限制
【13】 格式
【14】 频率转换器
【15】 共享介质
【16】 面向应用服务
【17】 MAC 控制符号
【18】 信元交换
【19】 私有性
【20】 语义

第5套

一、选择题

1.C	2.B	3.A	4.A	5.A	6.A	7.C	8.D	9.A	10.D
11.A	12.C	13.A	14.A	15.B	16.B	17.B	18.D	19.C	20.A
21.B	22.D	23.A	24.D	25.C	26.D	27.A	28.A	29.D	30.B
31.A	32.B	33.B	34.C	35.B	36.B	37.A	38.C	39.C	40.C
41.B	42.A	43.B	44.A	45.B	46.B	47.A	48.A	49.A	50.C
51.A	52.B	53.B	54.D	55.B	56.D	57.C	58.D	59.A	60.B

二、填空题

【1】 运算速度
【2】 虚拟技术
【3】 目的地址 或 目的地址和源地址
【4】 递归解析

【5】 CAE
【6】 改变系统资源
【7】 存储转发
【8】 主动令牌管理站
【9】 回写结果
【10】 数字证书
【11】 192.168.0.255
【12】 比特
【13】 XMPP 协议簇
【14】 统一资源定位符 或 URL
【15】 防火墙
【16】 文本文件传输
【17】 RARP
【18】 可以 或 也可以
【19】 提供时钟信号
【20】 时移电视

第6套

一、选择题

1.B	2.A	3.D	4.D	5.B	6.A	7.A	8.C	9.D	10.D
11.C	12.A	13.C	14.C	15.B	16.C	17.B	18.B	19.D	20.B
21.C	22.C	23.D	24.C	25.C	26.B	27.C	28.D	29.D	30.A
31.D	32.A	33.C	34.A	35.A	36.D	37.A	38.A	39.D	40.D
41.B	42.A	43.A	44.D	45.C	46.B	47.B	48.C	49.D	50.C
51.C	52.C	53.B	54.B	55.B	56.B	57.C	58.A	59.B	60.C

二、填空题

【1】 数据链路
【2】 移动 或 Mobile
【3】 中断屏蔽位
【4】 每秒钟处理 3 亿条指令
【5】 异步时分复用
【6】 带宽
【7】 接口库
【8】 54
【9】 随机争用型
【10】 6

【11】 报文分组交换网
【12】 通道
【13】 非连接 或 无连接
【14】 主机地址
【15】 像素
【16】 CSMA/CA
【17】 事件通知
【18】 杀毒
【19】 统一格式的
【20】 1

第 7 套

一、选择题

1.D	2.C	3.A	4.A	5.D	6.A	7.D	8.B	9.B	10.A
11.D	12.D	13.D	14.A	15.A	16.D	17.A	18.A	19.B	20.D
21.B	22.A	23.D	24.B	25.D	26.A	27.C	28.B	29.D	30.D
31.B	32.D	33.A	34.D	35.C	36.B	37.C	38.A	39.B	40.B
41.A	42.B	43.B	44.A	45.A	46.C	47.D	48.C	49.D	50.C
51.B	52.A	53.A	54.A	55.C	56.A	57.A	58.A	59.A	60.D

二、填空题

【1】 5F39 或 0x5F391 或 5F39h
【2】 服务器端软件
【3】 相同
【4】 传输
【5】 48
【6】 中心
【7】 密码泄漏
【8】 超级文本
【9】 主从
【10】 联机接口
【11】 工具软件
【12】 202.20.20.6
【13】 业务的综合
【14】 中断排队
【15】 客户
【16】 IP 地址

【17】 物理链路和逻辑链路
【18】 网络
【19】 类属解密
【20】 局域网

第8套

一、选择题

1.C	2.B	3.A	4.D	5.B	6.A	7.D	8.B	9.C	10.A
11.B	12.D	13.D	14.C	15.D	16.C	17.A	18.D	19.D	20.A
21.B	22.A	23.B	24.B	25.D	26.B	27.C	28.A	29.C	30.A
31.B	32.C	33.C	34.D	35.D	36.D	37.B	38.A	39.C	40.C
41.C	42.C	43.B	44.A	45.B	46.B	47.D	48.C	49.A	50.D
51.C	52.D	53.D	54.A	55.D	56.A	57.C	58.C	59.D	60.C

二、填空题

【1】 公开密钥
【2】 安全警报，向外发布消息
【3】 协议
【4】 CSMA / CD
【5】 5
【6】 网络操作系统
【7】 PCM 或 脉冲编码调制
【8】 com
【9】 容量配置
【10】 输入 / 输出设备
【11】 无序
【12】 不可靠
【13】 超媒体语言
【14】 C
【15】 TCP / IP
【16】 拓扑结构
【17】 域间组播路由协议
【18】 认证
【19】 陷门
【20】 无线接入

第 9 套

一、选择题

1.B	2.B	3.B	4.B	5.D	6.B	7.D	8.D	9.A	10.C
11.A	12.A	13.D	14.A	15.C	16.B	17.B	18.A	19.B	20.B
21.D	22.A	23.B	24.D	25.C	26.A	27.B	28.C	29.B	30.D
31.C	32.D	33.C	34.D	35.C	36.B	37.D	38.B	39.A	40.D
41.D	42.A	43.B	44.A	45.C	46.D	47.B	48.B	49.B	50.D
51.A	52.D	53.C	54.C	55.B	56.A	57.A	58.D	59.B	60.B

二、填空题

【1】 带宽
【2】 工作站
【3】 TCP / IP
【4】 总线拓扑
【5】 匿名 FTP 服务
【6】 传输
【7】 中断
【8】 媒体分配
【9】 交换式
【10】 平等
【11】 应用
【12】 费用
【13】 环
【14】 自过滤路由器
【15】 互斥条件
【16】 帧地址
【17】 块状
【18】 微处理器
【19】 并发性
【20】 信元 或 cell

第 10 套

一、选择题

1.A	2.B	3.A	4.A	5.A	6.B	7.B	8.C	9.D	10.D

11.C	12.C	13.A	14.C	15.C	16.C	17.D	18.B	19.C	20.C
21.D	22.C	23.A	24.A	25.D	26.D	27.D	28.A	29.B	30.A
31.C	32.D	33.C	34.B	35.D	36.A	37.D	38.A	39.C	40.C
41.C	42.C	43.A	44.B	45.C	46.C	47.A	48.A	49.C	50.A
51.C	52.C	53.C	54.D	55.B	56.D	57.D	58.B	59.A	60.A

二、填空题

【1】 高速 或 AGP
【2】 身分管理
【3】 广播
【4】 当地号码
【5】 分组 或 包
【6】 虚拟
【7】 结构复杂
【8】 非特权
【9】 目的主机
【10】 计算机
【11】 特洛伊木马
【12】 面向连接的
【13】 Internet
【14】 99 个
【15】 索引结点
【16】 HTML
【17】 会话层
【18】 随机型
【19】 组播组管理协议
【20】 活动目录服务

第 11 套

一、选择题

1.A	2.B	3.B	4.A	5.A	6.B	7.A	8.C	9.D	10.B
11.D	12.B	13.C	14.D	15.A	16.B	17.C	18.B	19.A	20.C
21.A	22.D	23.D	24.D	25.B	26.D	27.C	28.C	29.B	30.D
31.B	32.B	33.D	34.A	35.C	36.D	37.C	38.C	39.B	40.D
41.A	42.D	43.D	44.B	45.C	46.D	47.A	48.D	49.A	50.D
51.A	52.A	53.A	54.A	55.C	56.D	57.C	58.B	59.C	60.A

二、填空题

【1】 实
【2】 奇偶
【3】 动作规则
【4】 几何关系
【5】 响应（Response）
【6】 段页式存储管理
【7】 GATEWAY 或 网关
【8】 192.0.0.0
【9】 TCP
【10】 D1
【11】 语义
【12】 CSMA / CD
【13】 com
【14】 局域网
【15】 进程调度算法
【16】 4
【17】 文件服务器镜像（File Server Mirroring）
【18】 公开秘钥 或 公钥
【19】 总线型
【20】 网络层

第 12 套

一、选择题

1.C	2.B	3.C	4.C	5.A	6.A	7.A	8.B	9.D	10.C
11.D	12.C	13.D	14.C	15.C	16.D	17.D	18.C	19.A	20.B
21.C	22.D	23.C	24.B	25.C	26.C	27.A	28.A	29.C	30.C
31.A	32.B	33.C	34.D	35.B	36.A	37.C	38.A	39.B	40.D
41.A	42.C	43.B	44.C	45.A	46.B	47.B	48.D	49.A	50.C
51.D	52.A	53.B	54.A	55.D	56.A	57.C	58.A	59.D	60.A

二、填空题

【1】 C 型网络服务
【2】 JPEG
【3】 资源共享
【4】 浏览器

【5】 半双工
【6】 多跳
【7】 对等结构的网络
【8】 超文本传输协议 或 HTTP
【9】 局域网交换机
【10】 100 或 1000 或 100/1000
【11】 非对称数字用户线（ADSL）
【12】 java 控制台
【13】 超媒体 或 Hypermedia
【14】 面向任务
【15】 传输网
【16】 非服务攻击
【17】 任期有限原则
【18】 管理器
【19】 IPv4
【20】 SMTP

第 13 套

一、选择题

1.B	2.A	3.B	4.C	5.B	6.D	7.A	8.C	9.B	10.B
11.A	12.D	13.A	14.B	15.B	16.D	17.B	18.C	19.B	20.A
21.D	22.B	23.B	24.A	25.A	26.C	27.B	28.B	29.D	30.D
31.C	32.A	33.C	34.D	35.D	36.B	37.A	38.A	39.B	40.D
41.D	42.B	43.C	44.B	45.A	46.C	47.D	48.B	49.A	50.C
51.B	52.A	53.A	54.A	55.B	56.A	57.C	58.B	59.A	60.D

二、填空题

【1】 64
【2】 中心
【3】 超媒体
【4】 识别
【5】 路由选择
【6】 通用型
【7】 循环等待
【8】 文件句柄
【9】 硬件独立 或 独立于硬件
【10】 互操作

【11】 能实现物理块的动态分配
【12】 目的主机 或 目的节点
【13】 数据压缩与解压缩的硬件支持
【14】 代理服务器
【15】 消息认证
【16】 银行家算法
【17】 CA 安全认证中心
【18】 通信链路
【19】 接口
【20】 对等网络

第 14 套

一、选择题

1.A	2.D	3.A	4.A	5.B	6.B	7.D	8.C	9.C	10.A
11.C	12.C	13.C	14.B	15.C	16.D	17.B	18.A	19.D	20.D
21.B	22.D	23.D	24.A	25.C	26.A	27.D	28.C	29.B	30.A
31.C	32.B	33.C	34.A	35.D	36.A	37.D	38.A	39.D	40.C
41.A	42.C	43.C	44.A	45.B	46.A	47.A	48.C	49.D	50.D
51.D	52.B	53.B	54.C	55.B	56.A	57.B	58.D	59.B	60.B

二、填空题

【1】 电子邮件行政管理
【2】 内部网桥
【3】 原语
【4】 解释程序
【5】 资源子网
【6】 应用
【7】 随机延迟后重发
【8】 虚设备
【9】 信息处理
【10】 数据总线
【11】 解释
【12】 传输控制协议
【13】 密码分析学
【14】 attack
【15】 ISDN
【16】 系统软件

【17】 扩频
【18】 路由器
【19】 支配和被支配
【20】 光缆

第 15 套

一、选择题

1.A	2.A	3.C	4.B	5.C	6.C	7.C	8.B	9.A	10.B
11.C	12.B	13.C	14.D	15.C	16.D	17.D	18.D	19.A	20.A
21.D	22.D	23.C	24.D	25.B	26.D	27.B	28.D	29.D	30.B
31.A	32.A	33.A	34.C	35.A	36.C	37.B	38.C	39.D	40.A
41.C	42.D	43.C	44.C	45.D	46.A	47.D	48.C	49.A	50.C
51.A	52.D	53.D	54.C	55.C	56.C	57.B	58.C	59.B	60.D

二、填空题

【1】 汇编语言
【2】 数字模拟
【3】 目标程序
【4】 TELNET 协议
【5】 流量控制
【6】 核心交换 或 核心
【7】 Internet 账号
【8】 代理
【9】 C / S 或 Client / Server 或 客户端 / 服务器
【10】 扩频无线局域网
【11】 点到点式
【12】 加密
【13】 SSL 或 安全套接层
【14】 量化
【15】 受托者权限
【16】 混合式
【17】 不可逆 或 单向散列 或 Hash 或 哈希
【18】 存储转发
【19】 相同
【20】 证书权威机构

第 16 套

一、选择题

1.D	2.B	3.A	4.B	5.C	6.B	7.D	8.B	9.C	10.D
11.C	12.B	13.D	14.B	15.A	16.C	17.A	18.C	19.B	20.A
21.C	22.B	23.B	24.D	25.B	26.D	27.A	28.C	29.C	30.C
31.D	32.A	33.B	34.A	35.B	36.C	37.B	38.D	39.A	40.D
41.B	42.A	43.B	44.D	45.D	46.D	47.B	48.B	49.D	50.D
51.C	52.C	53.A	54.D	55.B	56.D	57.A	58.A	59.D	60.C

二、填空题

【1】 网络工作组
【2】 超文本
【3】 00110001 00111001 00110100 00111001
【4】 Telnet
【5】 报文
【6】 服务器
【7】 光信号
【8】 香农（Shannon）
【9】 存放全部
【10】 汇编语言
【11】 专用
【12】 递归解析
【13】 分散式
【14】 协议
【15】 PC
【16】 委托监控
【17】 可审查性
【18】 只存放自己的
【19】 并发
【20】 信元传输

第 17 套

一、选择题

1.A	2.D	3.B	4.D	5.A	6.B	7.D	8.C	9.C	10.B

11.B	12.A	13.D	14.B	15.D	16.C	17.C	18.D	19.A	20.D
21.B	22.A	23.C	24.D	25.C	26.A	27.D	28.B	29.A	30.A
31.C	32.A	33.B	34.A	35.D	36.B	37.B	38.A	39.B	40.A
41.A	42.B	43.B	44.A	45.C	46.D	47.A	48.B	49.A	50.A
51.C	52.A	53.D	54.A	55.A	56.D	57.A	58.B	59.D	60.C

二、填空题

【1】 2
【2】 成批
【3】 虚机器观点
【4】 通信子网
【5】 概率 或 几率
【6】 网络层
【7】 通信
【8】 中断优先级
【9】 数据通信
【10】 文件服务器
【11】 20.0.0.6
【12】 接入技术
【13】 客户端 / 服务器
【14】 事件通知
【15】 安全检测
【16】 广域网
【17】 各终端间的通信
【18】 服务访问
【19】 实时性
【20】 数据

第 18 套

一、选择题

1.C	2.B	3.C	4.D	5.B	6.A	7.A	8.A	9.B	10.A
11.C	12.A	13.A	14.D	15.C	16.B	17.C	18.B	19.B	20.A
21.D	22.D	23.C	24.C	25.B	26.A	27.A	28.A	29.B	30.A
31.D	32.D	33.A	34.B	35.D	36.A	37.C	38.C	39.C	40.A
41.B	42.A	43.B	44.B	45.D	46.B	47.A	48.B	49.C	50.C
51.A	52.C	53.B	54.B	55.B	56.C	57.A	58.D	59.A	60.B

二、填空题

【1】 32
【2】 B
【3】 哈佛结构
【4】 电子邮件服务
【5】 客户机/客户机模式（或 P2P 模式）
【6】 压缩与解压 或 数据压缩与数据解压缩
【7】 电子地址
【8】 环型
【9】 单一 或 单点
【10】 金卡
【11】 等待
【12】 故障管理
【13】 anonymous
【14】 非对等
【15】 非屏蔽
【16】 通用型
【17】 CMIS
【18】 字符
【19】 逻辑炸弹
【20】 管理员

第 19 套

一、选择题

1.D	2.B	3.D	4.B	5.B	6.B	7.A	8.C	9.A	10.D
11.B	12.C	13.A	14.A	15.B	16.A	17.D	18.D	19.B	20.C
21.B	22.C	23.D	24.A	25.B	26.B	27.A	28.C	29.B	30.A
31.B	32.B	33.A	34.C	35.B	36.A	37.D	38.D	39.A	40.A
41.C	42.A	43.A	44.C	45.A	46.D	47.A	48.B	49.C	50.A
51.C	52.A	53.C	54.A	55.C	56.A	57.D	58.D	59.D	60.D

二、填空题

【1】 指令
【2】 I / O 瓶颈 或 输入输出瓶颈
【3】 星型
【4】 路由选择策略

【5】 链
【6】 最高层域名
【7】 文件服务器镜像
【8】 100 米
【9】 轮询
【10】 面向信息处理
【11】 先来先服务
【12】 客户端 / 服务器 或 Client / Server 或 C / S
【13】 交换方式
【14】 数据
【15】 紧凑 或 拼接
【16】 管理信息库
【17】 通道
【18】 反汇编过程
【19】 动态路由表
【20】 传输路由 或 路由

第 20 套

一、选择题

1.C	2.A	3.A	4.B	5.A	6.C	7.D	8.A	9.B	10.A
11.D	12.A	13.A	14.A	15.D	16.D	17.A	18.B	19.A	20.D
21.D	22.D	23.B	24.C	25.D	26.C	27.A	28.D	29.C	30.A
31.A	32.A	33.D	34.C	35.A	36.B	37. B	38.B	39.D	40.A
41.A	42.D	43.B	44.C	45.B	46.B	47.D	48.A	49.C	50.A
51.A	52.B	53.B	54.A	55.A	56.B	57.C	58.B	59.B	60.A

二、填空题

【1】 解决碎片问题
【2】 通信工作
【3】 无线
【4】 链
【5】 管理信息库
【6】 管态
【7】 EPROM
【8】 分组交换技术
【9】 批处理操作系统
【10】 输入 / 输出

【11】 断点续传
【12】 共享介质
【13】 随机分配信道
【14】 目的主机
【15】 数字签名
【16】 数据报寻址
【17】 渗入威胁和植入威胁
【18】 4
【19】 副载波
【20】 差错恢复

第21套

一、选择题

1.A	2.C	3.D	4.B	5.A	6.C	7.D	8.C	9.A	10.A
11.D	12.A	13.B	14.D	15.A	16.B	17.B	18.B	19.B	20.D
21.B	22.C	23.D	24.C	25.D	26.B	27.C	28.A	29.B	30.B
31.B	32.D	33.A	34.C	35.D	36.D	37.B	38.A	39.B	40.B
41.D	42.D	43.D	44.D	45.D	46.C	47.D	48.D	49.A	50.D
51.C	52.D	53.C	54.B	55.B	56.A	57.B	58.C	59.B	60.A

二、填空题

【1】 后备
【2】 100万
【3】 目标程序
【4】 信息资源宝库
【5】 随机性
【6】 介质访问控制子层 或 MAC
【7】 多道程序设计
【8】 数据传输速率
【9】 避免
【10】 面向任务
【11】 540
【12】 动态
【13】 分布式拓扑结构
【14】 CA 或 证书权威机构
【15】 逻辑环
【16】 资源

【17】 作业
【18】 ISO 或 国际标准化组织
【19】 SNMP
【20】 数据包过滤

第 22 套

一、选择题

1.A	2.B	3.C	4.C	5.A	6.C	7.C	8.B	9.A	10.A
11.A	12.B	13.D	14.D	15.C	16.A	17.B	18.A	19.B	20.A
21.A	22.B	23.C	24.D	25.A	26.D	27.B	28.D	29.B	30.B
31.C	32.C	33.D	34.D	35.A	36.B	37.D	38.C	39.C	40.C
41.A	42.D	43.D	44.A	45.C	46.D	47.C	48.A	49.B	50.A
51.C	52.B	53.A	54.B	55.C	56.A	57.C	58.C	59.B	60.A

二、填空题

【1】 多数据流
【2】 公用数字数据网专线
【3】 几何
【4】 进程调度
【5】 IP 地址
【6】 集中路由选择
【7】 发送端
【8】 工作组
【9】 目录服务
【10】 数字信封
【11】 资源共享
【12】 本网 或 有限
【13】 目的网络
【14】 树型连接方式
【15】 蛮力攻击
【16】 机密
【17】 概率
【18】 多处理机操作系统
【19】 网络互联
【20】 10

第23套

一、选择题

1.C	2.B	3.B	4.B	5.A	6.B	7.B	8.C	9.A	10.A
11.B	12.B	13.B	14.A	15.C	16.A	17.D	18.C	19.D	20.D
21.B	22.A	23.D	24.C	25.B	26.D	27.A	28.C	29.A	30.D
31.A	32.B	33.D	34.A	35.B	36.C	37.A	38.D	39.A	40.D
41.D	42.D	43.A	44.B	45.A	46.C	47.A	48.B	49.B	50.D
51.A	52.B	53.C	54.B	55.D	56.B	57.B	58.C	59.C	60.A

二、填空题

【1】 运算器和控制器
【2】 简单邮件传输协议
【3】 体系结构 或 系统结构
【4】 数据传输速率
【5】 Internet 广域网
【6】 进程控制块 或 PCB
【7】 anonymous
【8】 用户数据报协议 UDP
【9】 令牌环
【10】 KDC（密钥分发中心）
【11】 回送地址
【12】 实时
【13】 目态
【14】 可用性
【15】 轮询
【16】 URL
【17】 延迟
【18】 报头
【19】 信元
【20】 细同轴电缆

第24套

一、选择题

1.C	2.B	3.A	4.D	5.B	6.C	7.A	8.A	9.B	10.A

11.A	12.A	13.D	14.C	15.A	16.A	17.C	18.D	19.B	20.B
21.D	22.A	23.D	24.B	25.B	26.A	27.C	28.D	29.B	30.C
31.A	32.A	33.C	34.A	35.B	36.D	37.B	38.C	39.D	40.D
41.B	42.D	43.A	44.D	45.A	46.A	47.A	48.C	49.D	50.A
51.D	52.C	53.B	54.B	55.A	56.D	57.B	58.D	59.C	60.A

二、填空题

【1】 介质访问控制
【2】 16
【3】 完备性
【4】 默认
【5】 行为控制
【6】 结构化查询语言 或 SQL
【7】 防火墙
【8】 操作系统
【9】 纠错码
【10】 开放源代码 或 开源
【11】 快速地检查问题
【12】 文件服务
【13】 有结构的记录式文件
【14】 记录
【15】 流量控制技术
【16】 令牌帧
【17】 服务器
【18】 软件
【19】 高层互连
【20】 至少和另外两个节点相连

第 25 套

一、选择题

1.D	2.C	3.B	4.B	5.A	6.D	7.B	8.B	9.C	10.A
11.D	12.A	13.C	14.C	15.C	16.C	17.D	18.B	19.B	20.B
21.B	22.B	23.D	24.B	25.B	26.A	27.B	28.B	29.D	30.B
31.C	32.C	33.B	34.A	35.D	36.B	37.A	38.B	39.D	40.D
41.D	42.B	43.A	44.A	45.C	46.A	47.C	48.A	49.C	50.B
51.C	52.C	53.B	54.A	55.A	56.B	57.C	58.A	59.A	60.A

二、填空题

【1】 客户端 或 Client 或 客户
【2】 信息资源
【3】 被动攻击
【4】 巨型机
【5】 加密
【6】 分时计算机系统
【7】 冲击
【8】 软件介入 / 软件执行
【9】 一
【10】 功能
【11】 服务访问点（SAP）
【12】 最大时间
【13】 SMTP 或 简单邮件传输协议 或 Simple Mail Transfer Protocol
【14】 时分
【15】 时序
【16】 Telnet
【17】 次数
【18】 中心结点
【19】 代理服务器
【20】 VPI 或 虚路径标识符